胡景初

袁进东 著

中外家具小讲

化学工业出版社

·北京·

内容简介

本书采用散点式的叙述方法，从宋代家具、明式家具、清式家具、海派家具等在历史上颇具代表性的家具讲到家具文化的多样性、伦理现实中的家与家具，又从生活用品的视角来看家具，思考家具哲学层面的问题。还讲述了上海20世纪70年代的家具行业发展、深圳板式和软体家具的行业发展、家具行业协会在我国的发展、家具流通模式的变化、家具企业用工制度的变迁、家具的商业营销、家具的商业展示等内容。覆盖范围广泛，从不同切入点对家具进行深入剖析，让读者对家具有一个立体化的认知。

本书作者长期从事家具设计与工艺研究，对家具史有独到的见解。本书适合对家具及其历史感兴趣的大众读者，以及家具、工业设计等相关专业院校师生阅读。

图书在版编目（CIP）数据

中外家具小讲 / 胡景初，袁进东著. —北京：化
学工业出版社，2022.2
ISBN 978-7-122-40369-8

Ⅰ. ①中… Ⅱ. ①胡… ②袁… Ⅲ. ①家具-研究-
世界 Ⅳ. ①TS666

中国版本图书馆 CIP 数据核字（2021）第 240497 号

责任编辑：王 斌 吕梦瑶　　　　　　　文字编辑：刘 璐
责任校对：李雨晴　　　　　　　　　　装帧设计：对白设计

出版发行：化学工业出版社（北京市东城区青年湖南街 13 号　邮政编码 100011）
印　　装：三河市航远印刷有限公司
880mm×1230mm　1/32　印张9½　字数200千字　2022年2月北京第1版第1次印刷

购书咨询：010-64518888　　　　售后服务：010-64518899
网　　址：http://www.cip.com.cn
凡购买本书，如有缺损质量问题，本社销售中心负责调换。

定　　价：78.00 元

前言

　　没有家具的生活是不可想象的，人类对家具的使用，就是一步一步由最初的不可想象发展到现在的不敢想象。原始人类的生活、物质没有保障，家具在那个年代就是十足的奢侈品，加上生产技术条件的限制，原始人类只能就地取材，垒土为床，这样的床兼具了最早的坐具功能，垂足的方式固然是舒适的，但却是不可移动的；以草为席，席地而坐，自然是舒适便捷了，地位高的多铺几张，地位低的一张也可，最早的阶级划分也随着家具的使用体现出来。人类社会的发展在各地域从来都是不同步的，但家具却始终紧密地和各个地域，各个历史时间段的政治、经济、文化、科技息息相关，作为每一个时代的代言人，家具毫无疑问是合格的。时至今日，每个历史阶段的家具依然像一个小型的图书馆，记载着当时的诸多信息。只不过，它依然需要具有不同知识背景的人去解密。不同的人看同一件家具，会有很多不同的见解。

　　从家具的发展中我们可以看出，璀璨的东西方文化宛如星辰般镶嵌于各自的宇宙时空。历史的车轮滚滚向前，人类不同族群的文化依然熠熠生辉。

　　《中外家具小讲》一书原定书名为《中外家具二十讲》，原意是想和大家一起坐下来聊聊中外的家具，特别是重点讲讲我们国家自己的家具。后觉得书名太大，过于正式，遂改为小讲，即粗略聊聊，大致讲讲，说说自己所看到的家具和所理解的家具文化，谈谈自己的感受。

　　胡景初老师既是我的授业恩师，也是我的家具专业领路人，胡景初老师今年八十寿诞，这本我们两人合作的书，也是作为学生的我为他精心策划的一份礼物，祝老师永远健康。

　　这本书中的二十六个小主题，胡老师十七讲，我九讲，师徒俩你一言我一语，聊天似地说了说家具，极个别主题和家具似乎没有直接关联，但在哲学层面上，却揭示了东西方家具发展的内在因素，比如晚明文人的生活观与伊壁鸠鲁的快乐主义。我们回看一下古希腊著名的藤条家具，似乎可以找到西方古代哲学家自然洒脱的原因。虽然，这些东西方文人存在于不同时空，却仍然让人感觉似曾相识，甚至，如果他们跨越时空相遇，他们之间一定会有那么一点惺惺相惜。

　　晚明文人与建筑、家具，以及他们的志趣爱好，对当时家具的工艺、款型、使用方法，都产生了不小的影响，为明式家具发展到中国传统家具的顶峰，做出了非凡的贡献。书中有较大篇幅讲到了深圳、上海的家具产业，胡景初老师正是那段历史的亲历者，也算是中国当代家具发展的直接见证者，为我们留下了宝贵的当代家具历史记录。

　　结合历史的时间线索，我们略谈了中外家具的进化。在黑暗的西方中世纪，家具似乎成了人们心灵的慰藉。正是因为家具的温暖，让当时的人们平稳地渡过了那个发展缓慢的时代。直至法国的路易十四、路易十五时期，西方家具的舒适度达到了一个前所未有的高峰。

　　本书可以作为了解中外家具文化的资料。中外家具的共性与关联、个性与特色，皆因各自生长的文化土壤不同而不同。阅读本书可以了解当代家具产业迅猛发展的历程，中国悠久的家具历史文化，借助改革开放的春风，焕发出新的生命，让我国的家具产业雄霸世界家具制造业。书中如有纰漏和不足之处，皆源于我个人的才疏学浅，敬请广大读者和同行专家不吝指正。

黄迎丽
于二○二一年十月

目录

美飘逸，图案色彩装饰华丽，个别甚至进行了鎏金处理，似乎是古代神话传说中器物的再现，让人分不清是现实还是梦境。两汉时期，漆器盛行，木做胎，辅以大漆工艺，以红黑二色为主，装饰题材来源广泛，或天文的星宿，或地理的图案，或现实的生物，或提炼的图形。装饰风格狂放孤傲，不拘一格。这是一个浪漫神秘的时代，收纳用的箱子，放乐器的架子，已经开始作为主体家具的补充，出现在现实生活中。

佛文东渐，带来了新的信仰，这信仰也恰恰迎合了魏晋的乱世，人们终于找到了心灵安放的温乡。直至南北朝时期，佛教迎来了传入中土后的第一个高潮，大量的佛教家具和僧侣的生活方式，开始潜移默化地影响人们的生活。高僧传教讲法的同时，也带来了一种新的坐姿——盘腿坐和垂足坐。此前大家都是习惯性地坐在席上，称为跽坐——两膝着地，小腿贴地，臀部坐在小腿及脚跟上。随着南北方民族的进一步融合，家具的品类也逐渐多了起来，不同的民族拥有不同的生活习惯，不同的生活习惯又表现在使用不同的家具器物上。甚至也带来了不同建筑技术的交流，建筑又进一步影响到家具，特别是垂足坐的习惯改变了原有家具的结构和形态，使家具的样式日趋丰富起来，为后来家具发展的高峰奠定基础。

唐代是我国封建社会发展的又一高峰，这是一个开放的时代，遣唐使、富商大贾，五湖四海各行各业的人齐聚长安，享受这难得的盛世。当时人们对家具的审美表现在灵动的曲线与丰腴的形态上，彰显着雍容与华贵，家具的静与女性的动完美地融合在一起，一时曼妙无二。家具在各种软装饰品的点缀下，极具价值感。唐代依然是一个佛教盛行的社会，唐玄奘求取真经以及鉴真东渡日本均表明了这一时期佛教文化的大流行，于是，在很多家具上依然沿用着佛教的标志性符号——壸门装饰。

惜别唐代的华丽喧嚣，我们迎来了宋代的静怡和沉着，武将太祖兵变陈桥，飞鸟尽良弓藏，狡兔死走狗烹，杯酒释兵权；于是乎，整个宋代以文官优先，即便是优秀的将领，也必须做到文武兼修。宋代家具有着一种特殊的宁静和质朴，没有多余的装饰，这种宁静和质朴，像极了当时的文人将领，散发出一种惊人的张力，诉说着时代的不屈不挠。这一时期，既没有较好的硬木，也没有较优质的平木工具，以至于到明代中期的很多家具表面均以髹饰为主，黎明时分总是特别的安静，这正是明式家具诞生的前奏和序曲。高潮即将来临，如大海和高山上的朝阳一样，突破云层，喷薄而出。与宋同处一个时期的辽金人民过着一种自由自在的车帐生活，低矮的活动空间限制了家具的高度。待辽金建国后，逐渐学习中原的文化和生活习惯，开始定点聚居，汉式的高大建筑开始矗立起来，于是，高桌一类的家具开始流行，各种功能配套的家具也逐渐丰富起来。椅子是辽金家具的代表之一，其装饰繁简相容，少数游牧民族的豪放与汉族人民的内敛在家具中得到了充分的交融。

元代的政权虽存在不及一百年，却影响深远，但是弯弓、烈马、快刀加上火炮，即便征服了欧亚大陆的各个民族，却依然只能在家具上留下细微的凹痕。元代家具在承袭宋代家具的基础上，只是在结构上进一步地合理化，而这种合理化又恰恰是器物的一种自然演进。元代家具豪放稳重如蒙古的汉子，又丰满起伏、圆润优美如草原的女子。这种豪气、富气与宋代家具的雅气结合在一起，最后成就了元代家具的豪放简洁。

东方艺术有一颗璀璨夺目的明珠，那就是明式家具，其弦音绵绵数百年而不绝。那棵文徵明亲手种下的紫藤，与紫藤斑驳疏影下的那把官帽椅依然相偎在一起，是那样的和谐。大自然的美，人造物的美，一个张扬、热烈，一个内敛、矜持，这一静一动、一放一收，使周围的观者浑然忘我，这就是明式家具，一眼万年。之前各朝代家具的积累沉淀，最后只为成就"她"。这，就是中国家具发展的高潮阶段，喧嚣澎湃，异彩纷呈。

"她"有最简洁的线条，是世界上最早的极简主义，在这里，请忘记密斯·凡·德·罗；"她"有最生动的纹理，里面有山、有水、有云，当然，还有数不尽的文人雅事；"她"有最精巧的结构，不用一颗钉子，榫的阳刚和卯的阴柔在家具上做了最好的结合。古人认识和诠释世界的世界观和方法论，全部浓缩到了一件家具上，这是何等的了不起。这不是高潮，又是什么？

清式家具极重装饰，这些来自白山黑水的统治者即便入主中原，依然不忘少数民族的审美本色，雕刻、镶嵌等各色工艺在紫檀木料上得以充分施展。清代统治者成就了紫檀家具，紫檀家具又反哺了清代的王公贵族，紫檀家具把少数民族的激情与汉文化的底蕴同样做了一次最好的融合。紫檀家具多大器，造型庄重又不失浪漫，装饰繁复却不显累赘，用料奢靡却又精益求精，统治者好大喜功、追求物欲享受的心态在家具上得到了淋漓尽致的发挥。良材、精做，把中国的家具又推向了一个新的高峰。

略谈时间轴上家具的进化

　　家具随着人类的出现而出现，基于人类的生存需要而产生；随着人类的进化而进化，伴随着文明的进步而发展。家具与人类不离不弃，走过了漫长的历史进程，并且还将继续发展下去。在远古－古代－近代－现代－未来的时间轴线上，家具与人类同时存在、共同发展，这就是家具的时间性特征。

　　古埃及家具是西方家具的源头。早在公元前4000多年的旧王朝时期，古埃及人就开始使用折凳、矮凳以及长榻等坐具。当时的折凳与当今的折凳没有太大的区别，这种折凳的四腿如剪刀状两组交错，以支撑皮革的软质座面，脚部常有鸭嘴状的雕刻装饰。公元前4000多年的古埃及人就知道采用艺术的形式装饰家具，显然是一件了不起的成就。而要达到如此完美的程度，在此之前还有一个更为漫长的进化过程。

　　作为东方家具源头的中国古代家具也有着相似的发展历程。我国在3700多年前的商代就开始流行适合席地而坐的低矮型坐具。我们的先人早在新石器时代就已经掌握了房屋建造技术，而在公元前20世纪则开始了宫廷的营造。有了房屋，特别是有了宫廷的营造后，还要配置相应的家具，只是由于家具多为木质难以保存，没有留下实物，我们难以考证罢了。

　　在家具出现以前，人们为了防潮和舒适，采取了各种

仇英的《高山流水》中伯牙席地而坐

措施，其中包括在地下铺垫植物的枝叶或动物的皮毛等。这些铺垫的植物枝叶、动物皮毛，或者是干土堆、石块和树桩，就应该被看作是坐具、卧具的前身。南非约翰内斯堡金山大学的考古学家在南非一个名叫"斯布度"的岩洞内发现了约7.7万年前古人类用草和树叶铺成的床，其中使用的植物多为禾草、莎草和灯芯草，它们不可能在岩洞内生长。据考古人员推测，可能是当时岩洞的居住者从附近的河畔收集而来，铺垫后的床可以用来安坐和睡觉等。直至今天，在非洲土著人的茅草棚里仍然利用泥土构筑土床，并铺上柔软的干草作为卧具使用。这就充分证明在人类进化的过程中，这种原始的坐具和卧具的使用相当普遍。

从坐具的发展过程中可以清晰地看到家具发展与人类文明进化的密切关系及其时间性特征。

中国古代坐具经历了由低矮型转向高型的发展与变化，这主要是由当时人们坐的习惯所决定的。商周至秦汉时期使用的是坐席、床、榻等低矮型坐具，以适应当时低矮型的建筑和席地而坐的习惯。魏晋至隋唐五代时期，是我国前所未有的民族大融合时期，北方的高型坐具"胡床"，应该是从通过陆上丝绸之路由西域引进的折凳发展而来并开始在中原流行，使中原地区的人们形成了新的坐姿习惯——垂足而坐。因此这一时期是席地而坐与垂足而坐并存和交替的时期，或者说是由席地而坐向垂足而坐过渡的时期。五代时期以后则是全面进入垂足而坐的高型坐具时期。

高型座椅经过宋元两代的普及与发展，到明代中期已取得了很高的艺术成就，出现了圈椅、官帽椅、玫瑰椅等经典之作，同时还有杌凳、圆凳、绣墩等不带靠背的精美

《仇画列女传》中侍从身上扛的无脚踏交杌

坐具。进入清代以后则出现了单纯追求华贵装饰效果的倾
向，使得清代的紫檀靠背椅、宝座、罗汉床等坐具具有厚
重、精致、豪华、艳丽等特征。清代也开始受西方古典家
具的影响，出现了广式红木靠椅等中西结合的广式清代家
具。而在鸦片战争后的上海等沿海开埠城市西风东渐，人
们的衣食住行等开始由古代传统的生活方式向近代生活方

式转型。在坐具方面，西方的沙发开始在上层社会流行，中国的坐具也开始进入追求舒适的新时期。尽管由于战争和社会动荡延迟了这一历史进程，但20世纪末改革开放后的中国，作为世界第一家具生产大国、出口大国和消费大国，在坐具的研发、生产和消费方面与西方一起进入了同步发展时期。

北京硬木家具厂收藏的明代黄花梨圈椅

王世襄收藏的明代四出头官帽椅

清华大学美术学院收藏的黄花梨玫瑰椅

北京硬木家具厂收藏的黄花梨长方凳

北京硬木家具厂收藏的黄花梨八足圆凳

　　西方坐具的发展与东方不同的是没有经历席地而坐的过程，从古代埃及的折凳、矮凳、长榻、座椅开始就一直是高型坐具；后经过亚述、希腊、古罗马等文明古国的传承与发展，达到了西方古典坐具早期的辉煌。

　　但在欧洲漫长的中世纪，家具却简易而贫乏，椅子是少数人的专用品，英文中的主席（chairman）就是指坐在椅子上的人，可见椅子的稀缺。当时的椅子座面为硬板，椅背又高又直，不是让人放松休憩的家具，而只是权威的象征。直至16世纪末至17世纪初欧洲文艺复兴的后期，椅子才开始在荷兰、英国、法国等国家流行，少数椅子开始采用软包坐垫和靠背，并用丝绒或其他考究的织物制成椅饰。软椅相对于木椅而言，在舒适度上又大大地提升了一步。

浪漫主义时期，在凡尔赛宫，椅凳的使用仍实行严格的等级制度，如为君主而设的有扶手、带软包的安乐椅，少数贵族可以使用不带活动坐垫的折凳。到了路易十五时期，椅子的设计首次开始为适应人体，而不是为礼仪进行调整。椅背开始呈倾斜状，不再垂直，扶手也改为曲线形，椅座变宽了，座高降低了，不仅座面、靠背有软包，而且扶手也有包衬。人们不仅可以舒适地靠在椅背上休憩，而且可以倚在一侧的扶手上与旁边的人交谈。这类软椅近乎沙发，是人类坐具进化的又一里程碑。

　　18世纪末至19世纪初，弹簧开始应用于软座弹性层的结构设计，真正意义上的沙发开始在英国和法国等国家出现。同时由长椅演变而来的三人沙发开始流行，并促进现代客厅新格局的产生，长沙发与低矮型的咖啡桌搭配，再加上几张安乐椅，便构成了舒适温馨的家居生活空间。

安乐椅　　路易十五时期的安乐椅

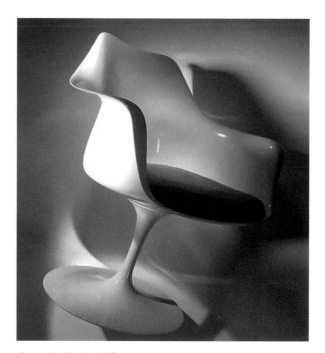

埃罗·沙里宁的郁金香椅

佩西的UP系列沙发

后来安乐椅又被单人沙发所取代，于是"1+1+3"的成套沙发便开始流行。

整个19世纪是传统沙发的流行期。从19世纪末到20世纪初，在工业革命的激发下，在英国工艺美术运动、法国新艺术运动、德国包豪斯运动等设计思潮的影响下，以及在新材料、新工艺的促进下，玻璃纤维取代了木质框架，海绵、发泡塑料块取代了弹簧结构，从造型到结构，从材料到工艺都发生了革命性的变化，现代坐具进入了多元化的新时代。

综上所述不难看出，无论是东方还是西方，以坐具为例，家具发展的特征都是从简陋到精致，从古朴到华美，从单一到多样，从简单到复杂，从不舒适到舒适，并永远处于不停顿的变革之中。

关于未来的家具，只有在科幻电影或室内的先锋派探索设计中有所表露，例如回到穴居时期的简陋，或在儿童居室设计中不设家具，以供儿童游戏时有一个开阔的空间，当有需要时，桌、凳、床等像可以局部升降的舞台一样，从地面升起，变成你所需要的家具。但这并未脱离家具的本义和原点，前者是回归到先人的状态，后者不过是科技手段的运用，它并未改变人类的生存状态。只要人类不能离开地球，只要人类不能强迫自己站着睡觉，只要人类不能进化到像机器人一样永远不言疲倦，那么家具就将伴随着人类永远存在下去。不管家具的材料、结构、形态如何发展，也不管家具风格和设计理念如何变化，家具的本质和原点将永远存在。

中国古代建筑空间与家具

建筑的发展始于人类的文明之初，家具的发展也随之展开。家具，作为一种物质文化，是不同民族，不同时代，不同地理气候，不同制作技巧，不同生活方式的反映[1]。家具制作在中国古代归于建筑领域，古人称建筑业为营造，营造分大木作和小木作，其中小木作指的就是家具制作。从低矮的土夯建筑到高大的木构架建筑，随着古代建筑空间功能的逐步完善，家具的发展也完成了从简单原始到精美成熟的蜕变，可见，古代家具设计的成长是和日趋完善的建筑设计联系在一起的。自古有"房子"才有"家"，有"家"才有"家具"，这个道理在中国源远流长的古代家具文化中甚为瞩目。

一、建筑空间的高度变化直接影响家具形体变化

1. 木结构建筑技术的成熟

中国古代建筑是世界上最早出现原始框架结构的建筑，它与欧洲建筑的根本区别在于材料的不同，欧洲建筑善用石料，而中国建筑却青睐木材。由于木材具有结构材料必备的良好性能，其物理性能具有有效的抗压、抗弯和抗拉特性，特别是抗压和抗弯时具有很强的塑性，加工极为方便，同时又具备自重轻的特点，所以塑造了千变万化、多姿多彩的中国木构架建筑[2]。这种用于大木作上的木工技术运用在家具等小木作上时，变得游刃有余，并影响了传统家具的变化与发展。以下分为四个时期来平行研究木结构建筑技术的逐步成熟对家具演变产生的作用及影响。

（1）远古时期的夯土台式建筑与低矮家具

据《考工记》记载，夏商时期的建筑木构架基本上是干栏式与夯土台相结合。到了西周的晚期，木构架建筑在技术上才有较大的进步。到了战国时期，夯土台建筑在各国盛行，并且结构开始复杂化，空间功能区分明确。这一时期的夯土台建筑主要是解决木构架不发达的问题，由于木材加工工具和木结构技术方面的局限性，除木材之外，席工艺、青铜工艺反而在更多家具类型中得以广泛运用，由此拉开了低矮家具的序幕。

（2）秦汉时期的木构架建筑与漆木家具

参照大量出土的汉画像砖以及陶屋等实物，可以清楚地看到秦时的建筑已出现斗拱，但高度不是很高。由于一批新的铸铁工具——斧、锯、锥、凿的出现，木结构技术

早期斗拱建筑模型

有了显著的提高，其榫卯结构更为精良，使营造结构更复杂的建筑具备了可行性，铁制工具在家具制作中的使用，提高了加工的精度，缩短了制作周期，并使木质家具的加工变得简便起来。随着木构架建筑技术和制漆工艺的发展，为漆木家具的崛起带来了勃勃生机，家具的品种、造型、使用方式、制作工艺和装饰手法均发生了明显改观。

（3）唐宋时期木构架建筑的模数制与组合家具

中国建筑发展到唐宋已经进入了全盛时期，木构架建筑解决了大面积、大体量的技术问题，抛弃了汉代以高土台为核心，四周包围的大空间木构架建筑，开始高度化、复杂化，其加工更趋于合理与统一。宋代《营造法式》中记载的大木作已形成一套成熟的做法，这表明建筑的木构架技术开始迈进成熟。这一时期，运用于家具制作的木结构工艺也相应变得成熟起来，其功能更加齐全，品种更加丰富。传统的凭几、矮足案几和地面坐席等已逐渐被淘汰，造型新颖的高桌、高案、靠背椅、交椅、凳、墩和与之相适应的高足花几、盆架、书架、衣架及橱、柜等，已成为室内陈设的重要组成部分；传统的床、榻、箱、柜和屏风类家具也趋于高大，这些家具形体的改观都得益于木结构技术的进一步发展和完善。

值得一提的是，到了宋代，古典的模数制成熟，建筑开始出现尺寸的规格化，家具设计也出现了新的变化。南宋的《燕几图》是中国第一部家具设计专著，其中有中国家具史上第一张组合家具设计图。它按一定比例绘制了大、中、小三种可组合的家具，集合理性、科学性、趣味性于一体，开创了世界组合家具的先河。由于史料有限，无法考证《燕几图》中组合家具设计的合理比例关系及科学数据是否受到当时建筑模数制的启发，但笔者认为其至少是受到了模数制的影响。

（4）明清时期木构架建筑技术的完善与明式家具

中国建筑发展到明清时期，由宋代的舒展开朗过渡为明清的严谨稳重，建筑技术达到更加完美的顶峰，由此也出现了高超的家具制作工艺和精美绝伦的艺术造型。明代家具达到了制造工艺和艺术造型的巅峰，并成就了中国家具史上的经典——明式家具。明式家具在结构上基本沿用中国古代木构架建筑的框架结构，其制作方法与独具风格

《营造法式》大木作制度（厅堂）

黄花梨木夹头榫小书案（明代嘉靖）

的木结构建筑一脉相承：方、圆立脚如柱；横枨、帐子似梁；叉枨交接牙子加固，整体上采用适当的收分，使家具既稳定，又具有优美的立体轮廓。相对于前代而言，木构架中榫的种类也更加丰富，并出现了明榫、闷榫、格角榫、半榫、长短榫、燕尾榫、夹头榫以及攒边技法，还有霸王枨、罗锅帐等多种结构形式，既丰富了家具造型，又使家具变得坚固耐用。这些实用又精美的结构成为明清家具中最为亮眼的细节。

2. 人们生活方式的逐渐演变

最初的家具首先是人类的作息用具，它的出现与人类的居住方式密切相关。从洞穴生活开始，人类逐渐掌握结草成席、缝皮成衣、纳叶集羽成褥等工艺，这便成为人类改善"室内"生活的第一步。在以席地起居为特征的中国封建社会前期，最主要的坐卧用具是席、床、榻，且较低矮。由于当时以平坐、盘坐和跪坐为主，腰部容易疲劳，于是便出现了减轻腰部压力的凭靠用具——凭几，继而又出现了一些适合席地而坐的相关低矮家具。但随着建筑技术的发展，房屋建筑越来越宏伟，室内空间也逐渐宽敞起来，仅供坐卧的席及其他简单的陈设家具已远不能满足人们的心理和生理需求。经过唐代至五代时期的家具变革之后，以垂足而坐为特点的"胡式"起居方式率先在宫廷、都市中流行开来，并很快扩散到周围地区，直至全国[3]。传统的席地起居的生活方式逐步过渡为垂足起居的生活方式，也正因为这种新的起居生活方式的确立，极大地促进了唐代之后家具的形制、种类及室内陈设的各种变革，与这一新的生活方式相适应的高型家具得到了飞速发展，并逐渐壮大。两宋之后，人们已完全进入了垂足而坐的时代，人们的活动中心也由以床为中心渐渐向地上转移，并最终形成以桌椅为中心的生活方式，从而也促使家具的尺度逐渐增高，同时也形成了家具组合的新格局，并导致更多家具品种的更新换代。由此看来，人们生活方式的变更对与生活密切相关的家具的影响是巨大的，且具有决定作用。

中国特有的梁架结构的建筑形式，不仅使得建筑空间

《仇画列女传》中的明代框架式结构家具

逐步宽阔高大，让人们的生活方式因此发生变化，还影响到家具的造型变化；同时也为木家具形制提供了成熟的结构工艺基础，并形成独特的框架式结构家具类型。

二、建筑空间的结构特性直接影响新的家具形态的创造

中国传统木建筑不同于古希腊、古罗马有厚土墙、石梁板、石柱且承重性能强的建筑，由于它有从榫卯的穿插结构演变成的构架承重方式的框架结构，所以不仅能使建筑变得高大，改善室内的通风和采光，而且在日益高大的建筑空间内部，衍生出许多用于塑造空间和分割空间的重要构件，如屏风、博古架等，以弥补木构架建筑空间中不严密的结构。这些属于陈设性家具的范畴，它们也渐渐在这种特殊的结构空间中成为新的家具形态，功能逐步完善，造型逐渐完美。

屏风的历史悠久，早在战国以前就已出现，它起源于西汉，流行于两宋和明清，其品种多样，应用十分广泛，有"凡厅堂居室必设屏风"[4]之说。从汉代开始，屏风已由单扇屏发展到四至六扇拼合的曲屏，且经常与茵席、床榻结合使用，可分可合、灵活多变且功能性极强，不仅可以用于挡风，而且在室内空间中还起着重新划分空间和突出中心地位的作用。到了唐代，随着高足家具的兴起，屏风逐渐高大，高大的屏风可以形成一个围合的私密空间，因而在生活中占据重要地位。屏风发展到明代，其种类的变化不是很明显，但作用已发生明显变化：挡风避尘的作用逐渐消失，取而代之的则是分隔室内空间的装饰性。在使用布置上，也更加灵活多样，有的专设在宫殿大堂之中，以营造一种庄严肃穆的气氛；有的放于床榻之后，起

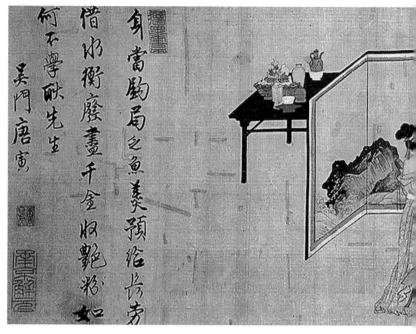

明代唐寅摹顾闳中《韩熙载夜宴图》（局部）中的屏风

到很好的装饰作用；也有的放在书斋之内，起到隔断空间的效果，大大增加了室内空间的可利用率。由此可见，屏风这种新家具形式的出现，弥补了中国传统古代建筑结构的不严密性，其既具备挡风作用，又起到了分隔空间的作用，满足人们对室内空间不同功能的需求，它是在西方古代石材建筑空间中很难看到的家具品种。

另一种极具文化艺术品位的陈设性家具——博古架，同样具有实用和审美装饰的双重价值，因而深受历代各阶层人民所喜爱。其分隔优美，比例多变，构图均衡得体，往往能巧妙地结合空间结构，设置成最丰富多变又独具一格的隔断造型。相比屏风而言，它更具备自由灵活地与空

间完美结合，且不受空间限制的特性。这些因空间结构变化而产生的新家具，同样也具备了中国传统古代建筑空间的灵活性和通透性特征，与古代建筑空间浑然一体。这一点更让人相信，家具不仅只是建筑中能有序组织空间的个体，更是建筑的一部分，甚至比建筑更灵活多变和自由。

三、建筑内外空间的成熟发展促进家具功能的完善

1. 结合不同居室空间进行家具设计

清代家具的品种繁多，分类详尽，功能更为明确。其

中，按建筑室内空间来打造家具成为新的时尚，尤其是皇室宫廷和富绅府第，"往往把家具作为室内设计的重要组成部分，常常在建造房屋时，就根据建筑物的进深、开间和使用要求，考虑家具的种类式样、尺度等进行成套的配制"[5]。在厅堂、卧室、书斋等功能不同的居室空间中，家具的设计有较为固定的组合模式和较为丰富的装饰手法，并将不同空间中的基础功能和主人的独特个人品位结合起来，丰富和发展了家具造型形式。清代的建筑趋向于讲究对称、稳重和开阔，与建筑风格相匹配的家具也表现出对称、稳重的气势，并结合时代的步伐和地域文化的特征，形成了自己的新风格，例如当时出现的京式、苏式、广式家具。北京地区生产的京式家具，一方面，由于皇宫大殿和内官的建筑空间环境富丽而气派，家具需要有厚重的体量和架势，故常设计制作一些特殊功能的品种和式样；另一方面，统治者喜欢高贵的奢侈生活，华丽和雕琢繁复的硬木家具琳琅满目，加之充足的财力、物力和人力，使宫廷家具无论是材质还是工艺，都达到了无以复加的地步。而在江南地区，独特的自然环境、风俗习惯、社会结构、经济生活和文化艺术土壤中孕育产生的苏式家具则和与其同存的建筑一样温文尔雅，并较多地保留了中国古典家具的传统形式。广式家具因受西方文化的影响，在继承明式家具传统风格的基础上，又大胆吸收了西方奔放、高雅、华贵的特点，并与西式建筑相适应，自成一派，形成了独特的风格。

2. 园林建筑的发展拉近家具与建筑空间的关系

明清时期，园林建筑的发展更加拉近了家具与建筑内

苏州留园林泉耆硕之馆内景布置

外空间的关系，并促进了家具功能的完善，即出现成套家具的概念。随着经济的繁荣，住宅建筑和园林建筑得到了较大的发展。由于室内空间大面积开窗或设置槅扇，可以使室内外空间互相连通渗透，特别是把室外空间之庭园、景物引入室内，以丰富空间的变化[6]。在空间变化的处理上，住宅为呆板的左右对称形式，而园林则与之相反，是自然变化的形式，与环境配合如一。对应这一特征，室内空间里家具的摆置呈严格的左右对称形式，并趋于程式化和固定化，成套家具也因此有了较大的发展空间。例如，厅堂内必备八个茶几、十六把椅子，或一个高桌、八把椅子等成套配搭的家具[7]。与对称排列的家具相配置的盆景、字画或其他陈设品却不是严格的左右对称，更多以自由的形式出现，并穿插其中。

　　如何将周正的室内空间配置得如园林般妙趣横生，花几的出现及其多变的造型为室内空间平添了许多入诗入画的景观。因花几在室内、室外均可陈设，故在造型和制作

明代仇英的《高士图》

要求上多随环境而异。大致说来，室内花几以典雅古朴见长，造型一般比较圆正规范，旨在与其他家具形成和谐的布局；室外花几则灵活多变，用材亦不限于竹木，其造型常能与盆景和山石花草等相映成趣。

3. 家具的放置与空间结合

长久以来，东方人一直认为"环境就是我们的生活方式"[8]。在中国传统的住宅风水学中，认为居住环境的好坏，对人类的体质和智力发展均有重大影响。在环境的选择上，判断房屋的方位上，以及家具陈设的摆放上都贯穿着"藏风得水"的基本原理，且遵循因地制宜的协调原则，以满足受制约条件下的生活要求。这一部分的科学成分是值得在现代空间设计中借鉴的。

从发展较为成熟的明清时期的建筑中，可以看到在传统古代建筑中，家具适应建筑空间、适应人类活动的一些合理布置的要求。

其一，考虑家具布置，必须考虑其体形、尺寸是否合适，门窗位置是否妥当。鉴于实际使用的复杂性，一些较大尺寸的家具，例如床、榻、几案、太师椅等布置时所受限制较大。因为是居室空间中的主要家具，应首先尽可能选择有利于这些较大型家具存放的位置，结合居室空间的开间、进深、尺寸等因素，使这些家具看上去与建筑空间结合得较为得当。一旦布置好方位，这些大尺寸家具基本上是较为固定的，不轻易变动。一些小尺寸的家具，例如几类、桌类使用较为灵活，并与大尺寸家具协调配置，在居室空间中成为活泼、生动的元素。

其二，居室空间中门窗的开设位置对家具的布置和使用影响较大。一般的原则是窗户尽可能在居室外墙上居中布置，门则应靠角布置；有多个门时，应使其尽量靠近，使交通路线尽可能便捷和少占使用面积。家具的布置须以满足通畅自如的交通为基础。同时，门窗讲究开设方向。室内有足够的新鲜空气和良好的自然采光，是保证人在居室中生活的必备条件。空间里家具的摆放方向、体量大小，空间是否通透都会直接影响到室内空间的通风采光效果，进而对人的生理和心理产生不同影响。

综观中国传统建筑空间与家具的处理艺术，可以看出古人讲究功能、结构和艺术形式统一的实用精神。与其说是古代建筑空间功能的完善对家具设计产生巨大的影响，不如说是古代家具的物质表现都遵循着与建筑空间环境寓意统一、和谐共存的原则，才形成了值得后世称颂的中国传统家具体系。

参考文献

[1] 于伸. 木样年华：中国古代家具［M］. 天津：百花文艺出版社，2006.

[2] 朱小平，朱丹. 中国建筑与装饰艺术［M］. 天津：天津人民美术出版社，2003.

[3] 刘致平. 中国居住建筑简史［M］. 北京：中国建筑工业出版社，2000.

[4] 王尚志. 建筑艺术与室内装饰艺术［J］. 建筑，1999（11）.

[5] 刘敦桢. 中国古代建筑史［M］. 北京：中国建筑工业出版社，1998.

[6] 肖芬. 中国古典园林的意境美［J］. 华中建筑，2004（1）.

[7] 朱家溍. 明清家具［M］. 上海：上海科学技术出版社，2002.

[8] 宫宇地一彦. 建筑设计的构思方法［M］. 马俊，里妍，译. 北京：中国建筑工业出版社，2006.

家具木工工艺发展简史研究

一、中国新石器时代的木工工艺

1. 概述

新石器时代的主要特征是以石器为主的工具在技术上的发展与进步。最主要的突破是出现了形体准确、有锋利刀口的磨光石器，同时也出现了制陶业、畜牧业、农业等，在新石器时代晚期开始使用金属。

新石器时代的木工工具有由旧石器时代的砍砸石器发展而来的石斧、石锛、石楔、石凿等；由刮削器发展而来的石刀、石平铲等；由尖锐器发展而来的石锥、石钻等。工具的制造除了石材以外，还应用木、骨、角、蚌等材料，同时发明了以"绑扎"或"榫嵌套"结合的复合工具，大大提高了工作效率。

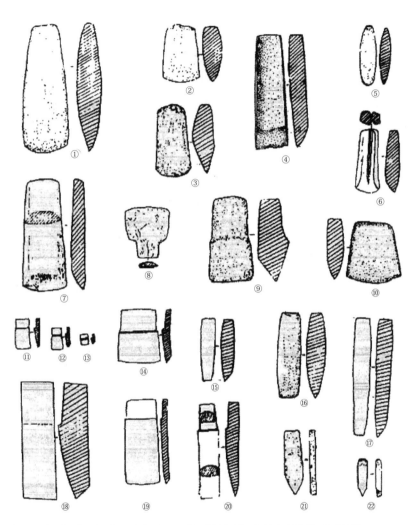

① 石斧　②、③、⑤ 石楔　④ 河姆渡遗址出土石扁铲　⑯ 梭形石凿　⑥ 有锯切痕的石斧　⑦ 常型石锛

⑧ 双肩石锛　⑨、⑪～⑭、⑱、⑲ 有段石锛　⑩ 梯形石锛　⑮、⑰ 条形石凿　⑳ 有段石凿

㉑，㉒ 雕刻器（圭形凿）

注：①、⑮、⑰ 北阴阳营　② 河姆渡　③ 七里河　⑤ 元谋大墩子　⑥ 桂花树　⑦、⑧ 西樵山　⑨ 石寨山

⑩～⑭、⑳ 石峡　⑯ 大河村　⑱ 大汶口　⑲ 太湖　㉑ 大溪　㉒ 三元官

新石器时代的手工业生产工具

新石器时代的木工工具主要用于伐木、断料、木材的纵向裂解、木构件的表面加工及榫卯的加工等。

2. 伐木与断料

石斧是新石器时代最重要的生产工具，其形状多为柱状体，平面呈长方形、梯形或舌状。斧端呈圆弧状，下部刃口有平口、斜口、弧刃三种，且两面对磨，以获刃锋便于切削。为了提高使用效率，我们的先人发明了装柄技术，将石斧与木柄牢固接合，又发明了带榫肩的穿孔石斧，用绳绑扎的石斧，或绑扎于木柄端裂口处的石斧等。

石锛是类似于石斧的一种装柄石器，石斧多为双面对称刃口，而石锛为单面偏刃，石斧装柄时刃口与柄平行，而石锛装柄时刃口与柄垂直，更适于平削木材，当刃口与柄平行安装时亦做石斧使用。

石斧及石锛是伐木的主要工具，一般用石斧，或石斧与石锛等配合使用。先人的伐木作业与今日的手工伐木亦无太大的区别，在树干的下端或其他要砍伐的部位，先斜

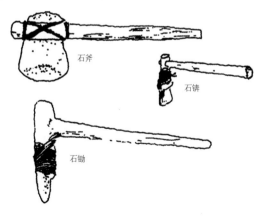

石斧

石锛

石锄

新石器时代的伐木与断料工具

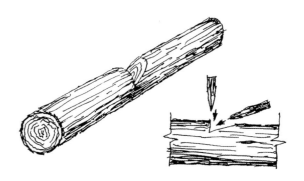

对断料的推测

劈一斧，使斧斜向砍入木材，再垂直于树身下斧，这样便可砍下一小块木片。如此反复砍削，愈砍愈深，直到形成大半周的深槽，最后向另一侧拉倒树木。对于大树则从两侧进行砍伐，最后拉倒或推倒。

切断原木时，主要使用石斧、石锛等工具。先在需切断的位置用石斧斜砍一斧，从侧向砍入木材内，形成斜切口，然后在斜切口底部的垂直方向再砍一斧，将切片切断与原木分离。或在双向斜口对接处切去木片，如此不断反复切割，切口越切越深，一直砍至原木直径的一半时，翻转过来再砍另一半，直到切断为止。其作业方式与山上伐木基本一致，只是原木可以翻转，从周边向中间切入更为灵活方便。

板材或方材的切断，可以从两边砍削，形成对称的V形切口，在最薄处再用石斧或石刀将其断开。

3. 木材的纵向裂解

切断的原木、板材或方材如何从纵向剖开，由大料剖成小料。在框锯出现以前，一般采取用石楔进行裂解的加

随山刊木圖

天嶠

古代木工伐木情况

工方式。石楔形同石斧，拥有对称的双刃，只是没有木柄。裂解时用石斧从一端劈开一个裂口，并将石楔打入使裂缝扩大，然后用多个石楔逐一打入纵向裂缝中，使裂缝一直裂至另一端，直至木段裂成两半。如果木段较粗则要从双向楔入，才能将其一分为二。同样的方法还可以将木材裂解为更小的板材或方材构件。当然，可以进行裂解的木材必须是纹理通直的木材材种。中国南方的杉木之所以在远古时期就开始被使用，可能与其资源和材性有关，如与纹理通直、耐腐且易于加工有密切的关系。

对于无法砍伐的大树，亦可以在活树上局部剖取板材或方材，当然也是用石楔进行局部裂解。

4. 木构件的表面加工

无论是板材或方材，裂解后都要对其表面进行砍削加工，以达到使表面平整和相对光洁的目的。表面加工主要

日本古代图书中记载的大木裂解技术

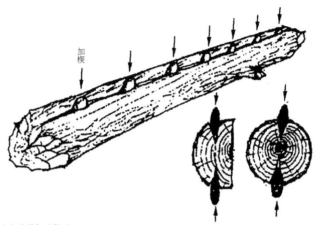

对木材裂解的推测

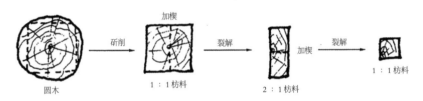

小型圆木"裂解与砍斫"制材推测图1

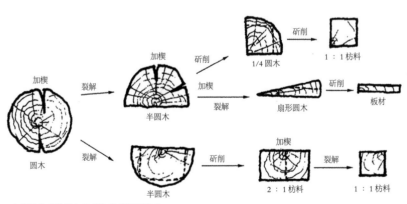

小型圆木"裂解与砍斫"制材推测图2

用石斧和石锛，单刃面的石锛更适合削平木材表面。对工件表面进行加工时，一般将工件斜放或平放，先用石斧或石锛斜劈，从一端开始，依次劈向另一端，使圆弧形原木表面或裂解后不平的表面被削成平面。

如果是小料，可以一手握住工件，另一手持石锛自上而下逐步砍削直到平整。如果是大料就要将加工面侧立并垫起，然后用石锛从一端斜削到另一端，直至削平为止。

5. 榫卯的加工

榫眼一般采用石凿、骨凿或角凿进行加工，如果榫眼较大还可采用石斧与石平铲进行加工。石凿器形较小，体细而长，类似于今天的钢凿，刃口在下端。骨凿与角凿形体与石凿相似，只是用动物的细长形骨头或动物的角取代石材加工而成。操作时一只手握住石凿，另一手持木锤一类的工具敲击凿的顶端。加工原理类同石斧切断。先斜向切入，然后在榫端部垂直切断，逐步深入，直到贯穿。石扁铲类似于石锛，不适合用于大力砍削，却可以轻力铲削榫眼表面，使其光洁平整。

榫头的加工类似于原木的切断与纵向裂解，用石斧和石锛砍削而成，并用石平铲进行表面平整度的加工。

此外，在新石器时代，某些木材制品表面还需进行磨光。磨光工艺多采用磨石，也就是类似于磨刀的砂石。新石器时代的先人已经发现了天然漆的用途，并且开始制造漆器，距今天7000多年前的浙江余姚河姆渡遗址曾出土了一件红漆木碗。这类小漆器在上光前应该是采用了磨光技术的。

新石器时代的木工工艺最典型的现存文物是浙江余姚河姆渡遗址出土的干栏式木构架建筑。河姆渡遗址共出土

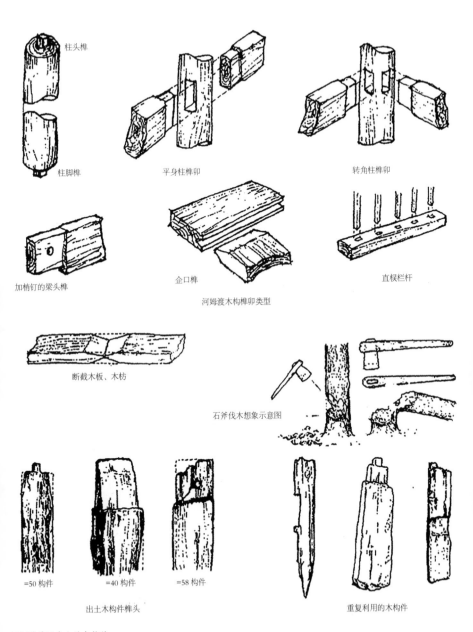

柱头榫

柱脚榫

平身柱榫卯

转角柱榫卯

加梢钉的梁头榫

企口榫

直棍栏杆

河姆渡木构榫卯类型

断截木板、木枋

石斧伐木想象示意图

=50 构件

=40 构件

=58 构件

出土木构件榫头

重复利用的木构件

河姆渡遗址出土的木构件

带榫卯的木构件数十件，都是垂直接合的榫卯，包括柱脚榫、梁头榫、带梢钉孔的榫、透榫，以及板件与板件拼合的企口榫。这是目前世界上发现最早、最科学的木工工艺作品。

二、中国古代的木工工艺

1. 概述

我国古代木工工艺在时段划分上系指从有文字记载的夏、商、周代开始直至清代末期，是中华五千年文明的重要组成部分之一。

木匠做工样式

《武英殿聚珍版程序》中的《成造木子图》

这一时期木工工艺的发展主要建立在铁器时代冶炼技术发展的基础之上，以及由此带来的铁制工具的发展。具有划时代意义的是南北朝时期发明的框锯以及锯解工艺的发展；南宋时期的手推刨以及木材表面加工工艺的发展；持续发展的凿和雕刀促进了榫接合工艺与装饰雕刻工艺的发展。从明代中期到清代末期，木工工艺主要是对前期发明的应用，并促使木工工艺向精细化方向发展。

2. 古代冶炼技术的发展

考古研究认为，春秋中晚期我国就开始有了铁的使用，最迟至战国时期已能普遍地冶炼生铁，西汉后期我国进入铁器时代，魏晋南北朝时期则是炼钢技术大发展时期。西汉时期出现了一种新的炼钢技术——炒钢，即在高温条件下有意识地炒炼生铁料，使之氧化脱碳，成为熟铁或钢，打破了钢与铁的界限。汉魏以后以生铁为原料的各种炼钢技术的兴起，进一步发扬了我国早期使用生铁的特点与优势，唐宋时期逐步建立了以蒸石取铁，炒生为熟，炼铁为钢为主，辅以坩埚炼铁，渗碳制钢，夹钢、贴钢等熔炼、加工工艺完善的钢铁技术系统。明代中期以后，我国钢铁技术的发展缓慢下来，但从整体水平来讲直至工业革命前后，我国的钢铁业无论从规模还是技术上都不逊于西欧的一些国家。

3. 铁制工具的发展

在铁制工具出现以前还有过一段青铜工具时期，据记载，原始社会末期和夏代就开始出现少量的青铜工具。商代青铜冶炼技术的发展，使青铜手工工具获得广泛的应用，一直延续至战国，并与铁制工具有一个共用的时期。

战国中晚期，铁的传播与使用已相当广泛，木工工具中出现了铁制的斧、锯、钻、凿、铲、锛等。铁制工具比青铜工具有更高的硬度。研究表明，从商周至东汉，刀具的硬度是逐步提高的，明代锻制工具时还采用了"生铁淋口"的方法，使刀刃成为钢质。《天工开物》一书中对此有详细的描述，它用熔化的生铁作为渗碳素，使经锻打的刃口钢化，再加上淬火处理，使刀刃更为优化。明代木工工具的配套组合完全成熟并定型。以斧作为伐木工具，以框锯作为解木的工具，以手推刨为表面加工的主要工具，以凿和锯的配合为榫卯加工的主要工具，以凿和刻刀作为图案雕刻的主要工具，并出现了镂锯（即钢丝锯），以帮助镂空雕刻。这种工具的组合与应用一直沿袭至今。

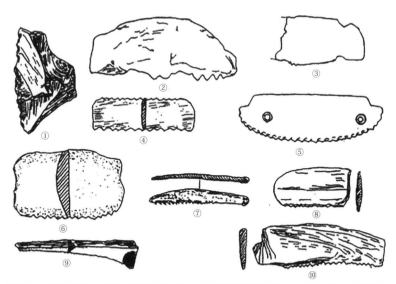

① 石锯（山西阳城索泉岭）　④ 骨锯（陕西凤县郭家湾）　⑦ 骨锯（陕西商县紫荆）　⑩ 蚌锯（河南孟县润溪）

② 蚌锯（陕西渭南北刘）　⑤ 石锯（山东邹县城南关）　⑧ 蚌锯（山东安丘胡峪村）

③ 蚌锯（河南郑州牛砦）　⑥ 石锯（陕西凤县郭家湾）　⑨ 骨锯（陕西扶风云塘村）

新石器时期的齿刃器或锯

4. 框锯的发明与锯解技术的发展

考古发现，早在新石器时代，我们的先人就发明了将刃部加工成锯齿状的石镰，用于谷物的收割。此外还有用蚌壳加工的蚌镰，用兽骨加工的骨镰等，其刃部的齿形应该是锯齿的原形。对镰的齿形、齿距加以改进便成了刀锯。但新石器时代的刀锯能否锯切木材目前尚无定论。

以青铜取代石、骨、蚌制作刀锯，一是可以使其变薄便于切入木材，二是加长后可以反复切割较大的木料。出土文物证实东周时期的青铜锯应该是可以锯切木材的，但加工能力有限。战国时期铁器广泛使用，铁锯也随之出现。西汉中期以后，随着"炒钢""百炼钢"冶炼技术的进步，有钢刃的铁锯便获得很大的进步。在《梓人遗制图说》等文献中都提到鲁班发明了锯。民间传说鲁班在一次伐木返回的途中不小心摔了一跤并向山坡下滑去，匆忙中鲁班抓住一把茅草才止住了下滑，但手却被茅草割破并流血。经过仔细观察，他发现柔软的茅草叶边部有三角形的齿，逆向往上摸去即可破皮出血。于是突发灵感，何不将铁片边部加工成齿形用于切割木材，回家后，鲁班经反复试验终于发明了手锯，当然其只能算是刀锯，弓锯和框锯的出现还是后来的事情。但在新石器时代早就有了齿状刃部的石镰、蚌镰和骨镰，它们应该是刀锯的前身。对锯的形制，从新石器时代到铁器时代，锯的发展大致经历了刀锯-弓锯-框锯的演进过程，秦汉以前基本是刀锯，汉代以后，锯条呈明显加长的趋势，出现了弓形锯，而由弓形锯发展到框锯大致在南北朝前后。

刀锯适合用于木材的横向锯切，弓锯是用弯曲变形的木条或竹片来连接锯条的，靠木弓或竹弓弯曲变形后的弹

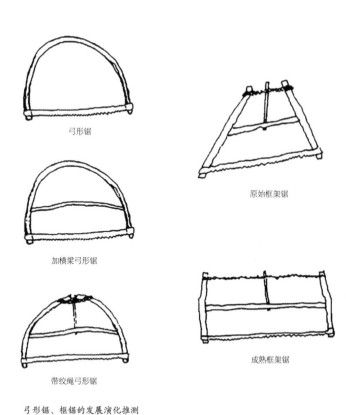

弓形锯

加横梁弓形锯

带绞绳弓形锯

原始框架锯

成熟框架锯

弓形锯、框锯的发展演化推测

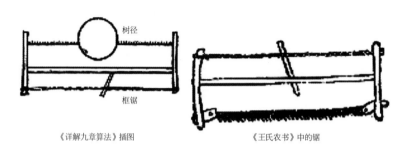

树径

框锯

《详解九章算法》插图

《王氏农书》中的锯

宋元时期的锯

性来拉直并张紧锯条。因弓形件时间长了会失去弹性，所以要经常更换。框锯是按照杠杆原理，靠调节绳索的松紧程度来拉紧锯条，是一种弹性调节，绳索松弛了再通过拨杆旋转直至张紧到适合的程度再固定，实现持续使用。

框锯由锯条、锯梁、锯拐、锯扭和张紧用绳索等构件构成。锯梁与锯拐是构成框锯的主要结构；锯条是实现锯切功能的刃具；锯扭是固定和拉紧锯条的构件，同时通过锯扭转动来调整锯路的方向；张紧用绳索则是锯条受力状态的调节结构，工作时需张紧，而非工作状态下锯条要处于松弛状态。当代框锯以拉紧的钢杆来代替绳索，以调节螺栓代替绳索的扭转张紧，使之更具刚性，可以长期使用。

锯条需经过开齿、拔齿和锉齿方可使用，开齿是为了获得锯切木材的刃口，拔齿是为了使锯路大于锯条的厚度，以便于排屑，而锉齿是为了使锯齿刃口保持锋利。

框锯的发明与广泛应用具有划时代的历史意义。以锯切取代裂解木材可以大大提高制材的加工效率和质量。一是不受木材纹理的限制，任何方向都可以锯解；二是以直线的锯路取代不确定的裂解纹路，可以大大提高加工精度，并提高木材的利用率；三是锯切表面相对平整，可以大大减少表面刨光工艺的难度，提高刨切的效率；四是锯解后获得的木板可以拼接成大幅面的板件，为家具结构的进步创造有利条件。另外由于框锯的发展致使北宋时期开始出现专业锯木的工种，称作"锯佣"，近世称"锯匠"，这为木材加工的专业化奠定了基础。

5. 刨的发明与木材表面加工技术的进步

刨在木工工具中出现较晚，据《中国传统建筑木作工具》一书的作者李浈先生查证，宋代开始有刨。到了明代，刨的类型、功能与当今的手工刨相差无几。隋唐时期的刨还处在刀形的原始状态，不过在操作上已具备了两处把柄，以利于操作的稳定和用力的平衡，同时可以将刨刀按一定的切削角度加工木材表面。为了方便，后来就发展成将两个木柄连在一个木块上的形态，刨刀也固定在木柄上，类似于今天的滚刨。南宋时期出现了刨身较长，带有手柄，刨刀变窄安装在刨身的中部，刨木时两手可前推的平推刨。平推刨是木材表面加工最精确而理想的工具。由此可见，由刮刀到滚刨再到平推刨是手工刨的发展过程。刨在明代有了新的发展，出现了不同用途的变种，《天工开物》一书中记载有线脚刨、弧形刨，根据加工工艺的需要又出现了粗平刨、细平刨和净光刨。

刨的发明以及平推刨的广泛应用大大促进了我国古代木材表面加工工艺的发展，应用粗平刨可以提高加工效率，较快获得一个平整的表面；应用细平刨和净光刨可获得一个光洁的表面，以便于在其表面进行涂装等后续加工。弧形刨可以对曲线或曲面的零部件及产品表面进行刨

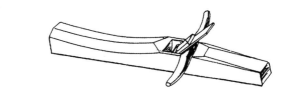

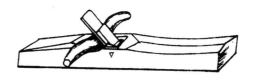

手绘长刨

光。线脚刨可以对零部件或产品的边部进行不同的线形加工，不但丰富了产品造型，而且提高了线形加工的效率。

6. 凿和钻的发明与榫卯工艺的发展

（1）凿的发展与应用

凿的起源可以追溯到旧石器时代的尖锐状石器，新石器时代石凿、骨凿应用较多，商周时期主要是用铜凿，战国时期由于冶铁技术的发展，铁制凿开始广泛应用，此后主要是刃口硬度和质量的改进。

石凿的器形与斧相似，一般为单面刃，器形狭长。骨凿多用条状骨，下端磨成刃状以入木。铜凿有石凿、骨凿的特征。战国时期的铁制凿，断面多为圆形或椭圆形，端部多为单面刃，上部装有木柄，与今天所见的凿相差无几。凿的宽度与榫眼的宽度配合使用，不同大小的榫眼用不同规格的凿进行加工。操作时将加工木件放在木工凳上，操作者臀部坐于其上，左手握凿，右手持斧或用锤击打凿的顶端。然后再斜向进刀切去一片木渣，从垂直方向切断木屑，直至达到规定的榫眼深度或直至凿穿以供透榫接合。

（2）钻的发明与应用

钻也是开榫眼或拼板加工梢钉眼的重要工具。据李滇先生研究，钻的考古发现很少，最早的钻是红铜钻和青铜钻，均出现在商周时期。到了战国以后，又以铁钻和钢钻取代铜钻，并且钻头刃口的形状和角度更为科学合理。

钻头安装于木制钻杆的下端夹口内，最原始的钻是搓钻。操作时双手搓动木杆，使钻头的刃部向工件推进，实现钻孔的目的。搓钻进一步发展便出现了拉钻或扯钻。拉钻或扯钻是在钻杆的上端加装一个套环或套筒，并加用一

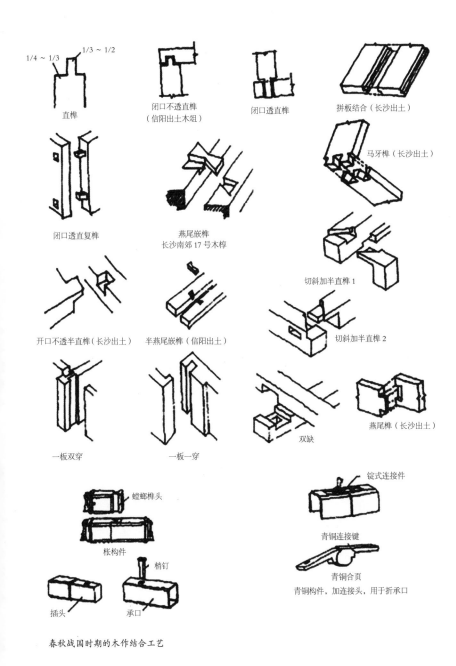

1/4 ~ 1/3　　1/3 ~ 1/2

直榫

闭口不透直榫
（信阳出土木组）

闭口透直榫

拼板结合（长沙出土）

马牙榫（长沙出土）

闭口透直复榫

燕尾嵌榫
长沙南郊 17 号木椁

切斜加半直榫 1

开口不透半直榫（长沙出土）

半燕尾嵌榫（信阳出土）

切斜加半直榫 2

燕尾榫（长沙出土）

双缺

一板双穿

一板一穿

螳螂榫头

枨构件

梢钉

插头

承口

锭式连接件

青铜连接键

青铜合页
青铜构件，加连接头，用于折承口

春秋战国时期的木作结合工艺

根两端固定在一个拉杆上的绳索缠绕在钻杆上。作业时操作拉杆不间断地往复拉动绳索，使钻左右转动，实现钻孔的目的。同时左手握住套环或套筒，控制钻的方向并向下施加压力，右手拉动绳索使钻头不停顿地转动进行钻孔作业。为了提高效率和省力，大约在南宋前后又发明了脚蹬钻和驼钻，其工作原理同拉钻，只是操作方式有变化。脚蹬钻类似于脚蹬缝纫机，即以脚取代手，通过绳索带动钻杆转动，在台架上对工件进行横向钻孔。而驼钻则是在钻杆的上端加装一个驼状重物，双手向下拉动缠绕在钻杆上的绳索带动钻杆转动，双手上下一拉一松，靠重驼增加惯性，达到钻孔与省力的目的。

（3）榫卯结构的发展

我国的榫卯接合工艺起源于新石器时代，到了战国时期，榫卯的形状和接合方法有了进一步的发展，主要有直榫、半直榫、燕尾榫、半燕尾榫、圆棒榫、端榫、嵌榫、蝶榫、半蝶榫、槽榫等接合方法。唐宋时期的榫卯技术进展主要表现为格角榫和插肩榫的创造与应用，为后来明式家具的发展创造了精密接合的技术条件。明式家具的榫卯工艺是细木工工艺的经典，是明式家具文化的重要组成部分。明式家具的榫卯结构类型主要有格角榫、棕角榫、明榫、闷榫、通榫、半榫、抢角榫、托角榫、长短榫、勾挂榫、燕角榫、走马榫、盖头榫、独出榫、穿鼻榫、马口榫、独个榫、套榫、穿榫、穿楔、挂楔等。清代家具的榫卯结构主要是对明式榫卯技术的传承。

（4）钉接合技术的发展

我国在春秋战国以前尚无钉接合的应用，直至铁器时代以后，出现大量相对廉价的铁钉，才使铁钉用于木工接合成为可能。考古文物表明，铁钉最早用于舟船的制作，

營業寫真（二百八七）

雕花匠（頑）

雕花司務本領高。人物花卉多會雕。鏤空玲瓏好手段。活龍活現真蹺跤。雕花衹怕遍。良工手俱縮余。何世界近來杉木。無從下手雕花哭。過杉木。

孙兰荪《图画时报》中的雕花匠

家具木工工艺发展简史研究 | 53

最迟到战国晚期，建筑木工开始用铁钉接合。宋代以后的铁钉接合应用十分普遍，除了大木作外，小木作、竹作、雕作等都应用了铁钉接合，同时竹钉也开始应用。竹钉比铁钉更容易加工和获得，而且不生锈，所以在传统的拼板框架榫接合中，常用到竹钉。采用钉接合时，其配用的工具是钻，通过钻孔起到导向作用和防止木料产生劈裂。

7. 木雕工艺

中国的木雕源远流长，早在新石器时代就有河姆渡遗址的木雕器件出现。到了商代，木雕与油漆工艺结合并被大量应用于木棺、棺椁、车具等器物上。春秋战国时期更是盛行，考古发现有不少雕刻装饰的案、几等早期的家具。木雕在宋代更取得惊人的发展，如圆雕五百罗汉，雕刻十分精细。明式家具上的雕刻流行浮雕和线刻，其特征是线条挺拔、刀法简练、层次分明、虚实相宜、疏密有致、造型完美、形象生动等。清代家具雕刻多见透雕和半透雕手法，有"远看大体，近看细小"之说，表现出大中有小，强弱虚实的对比态势。

木雕所用的工具主要是刻刀与凿类。刻刀多装有刀柄，或手持作业，或用锤击打刀柄上端以提高效率。根据需要在木雕发展的漫长过程中，逐步产生了一系列不同规格大小和刀刃形状的雕刻刀具，使得木雕工艺得以代代相传，直至今天。

三、中国近代木工工艺

1. 概述

中国近代一般指清代鸦片战争后至中华人民共和国成

立前这一历史时期，即1840～1949年，历时一个世纪有余。这一时期，由于鸦片战争的失败，我国在外国侵略者的武力下被迫打开国门，对外开放。此时的木材工业和木工工艺技术随着外商在中国沿海城市办厂而进入了一个新的发展时期。该时期的主要特点是木材加工由古代的纯手工艺逐步进入机械加工，是一个半手工半机械的发展阶段。另一个显著的进步是胶合板的制造及其在家具产品中的应用，促进了我国木材工业和家具制造业的发展。

2. 由手工锯木到机械制材

制材是木材加工工艺的专有名词，是指用锯切等机械加工方式将原木加工成板材或方材的作业，是木材加工的首道工序和基础技术。由古代的手工框锯锯解木材到应用机械锯切木材是具有划时代意义的巨大进步。

最早开始机械制材的代表是1348年德国开始使用框锯机。随后，1777年荷兰开始使用圆锯机，1808年英国取得了带锯机的制造专利。

我国最早的机械制材始于1901年中东铁路局在哈尔滨建立的制材总厂。该厂有制材主机8台，日产锯材84立方米，主要供铁路修造之用。

制材机械主要有框锯机、带锯机、圆锯机。机械框锯类似于古代的手工框锯，锯条安装在可以张紧的机械框架内，只不过不是一片锯条，而是多片锯条，木料在一次锯切中便可获得一定厚度的多件再剖木料。多片锯条在动力驱动下上下往复运动，对木材进行锯切。带锯机则是将条状的锯条焊接成环状，环状锯条安装在上下两个锯轮之上，下锯轮由动力驱动实现连续锯切，上锯轮则可以上下移动，实现锯条的张紧或松开以及换装锯条。圆锯机则是将条形锯条改为圆盘状，将锯齿开在钢片圆盘的周边，通过动力驱动锯片实现高速旋转，达到截断或再剖木材的目的。带锯类型有用于加工原木的大带锯，用于再剖的中带锯，用于加工曲边零件的小带锯。大带锯一般配有大型带有动力驱动的可往返通过大带锯的跑车，操作者可以站在跑车上控制圆木的固定和进料。圆锯也常分为截断圆锯、剖料圆锯和多用的万能圆锯等。

三种锯机相对于手工框锯而言，一是加工能力大为提升，特别是带跑车的大带锯可以锯解大径的原木；二是加工效率大为提升；三是锯切的质量更便于控制，有可靠的保障；四是木材利用率有了较大的提高。三种锯机相对于手工框锯而言都是以电动机或早期其他动力取代了人力的操作，是木工工艺技术的巨大进步。另外一个不同之处是人力锯切时是工件不动，锯条不断沿锯路推进，而机械锯机是锯条位置不动，通过工件在工作台上推进而实现锯切。

鸦片战争以后直至20世纪40年代末，我国的制材工业有了较大的发展，据我国木材工业泰斗原中国林科院院长王恺先生粗略统计，到1945年我国东北地区有制材厂164家，年制材量达371万立方米；华东沿海地区和广州等口岸有制材厂100多家，设备多以带锯和框锯为主，亦有部分圆锯。

3. 专业分工和家具厂出现

1902年，顺天府尹陈壁创办农工商部的工艺局，招募各地工匠来京，分科制造器物，教习艺徒，包括雕漆一科，木工则分华式与洋式，即中式与西式各一科，藤工也有中式和西式各一科。1904年，各省相继举办工艺局，此

工字形锯

时开始出现各类工厂。1914～1920年，我国手工艺作坊和
手工业工厂开始向机械工业过渡，家具木工工艺开始引进
圆锯等木工机械。上海有英商于1885年开设的福利家具
公司，1904年开设的美艺木厂，1920年开设的具东有限公
司。青岛则有1919年由日本投资建立的和田木厂，开始
部分使用木工机械生产家具等木制品。

平刨工具

4. 胶合板的生产与应用

胶合板具有幅面大，尺寸稳定性好，不开裂变形，能保留木材本身的天然纹理和色泽，加工方便等优势，是建筑装修和家具生产的重要资源。

国外胶合板的生产始于 19 世纪中叶的德国，1914 年后在美国流行。我国胶合板的生产始于20世纪20年代，由波兰、俄、英、法、日等国家在沿海城市投资办厂生产。上海是我国最大的胶合板生产基地，主要厂家有1926年由英商投资建立的祥泰胶合板厂；1932年由俄商与英商合资创建的精艺锯木厂，除了生产板材、方材外还生产胶合板；1939年由日商投资建立的杨子木材厂等。创建于1928年的艺林木器厂是上海当时最大的家具厂，是上海首家应用胶合板生产家具的企业。以胶合板取代实木拼板是

采用胶合板弯曲工艺的蝴蝶椅

家具涂装步骤——喷硝基漆

艺林的首创。胶合板在中国的生产和应用，一方面减少了珍贵硬木资源的消耗，另一方面简化了拼板工艺，无论是对提高产品质量，改进产品结构，还是提高生产效率等都具有十分重要的意义。

5. 涂装工艺的进展

20世纪40年代，随着西式家具在上海等沿海城市流行，也带来了西方各国广为流行的家具涂料虫胶漆（俗称泡力水）和硝基漆（俗称腊克），分别用作底漆与面漆。由于这种涂料具有干燥快、光泽度好、耐磨、漆膜可逆（可修复）等优点，因而部分取代了工艺复杂的天然大漆，在家具涂装工艺中得到了广泛的应用。其基本工艺是填孔打底－打磨－喷虫胶漆－填补－打磨－喷虫胶漆－轻磨－喷硝基漆－干燥－喷硝基漆－水磨－抛光打蜡。硝基漆的应用为现代涂装首开先河，直至今天其仍在家具涂装中广泛应用。

四、中国现代木工工艺

1. 概述

因为中国古代木工的行业划分只有大木作、建筑木工和小木作、木材制品加工的简略划分，家具木工尚未从小木作中分离出来，两者统称为木工工艺。中国近代虽然开始了以动力机械取代手工工艺的进程，但仍局限于制材和胶合板行业。只有中华人民共和国成立后，特别是改革开放以后，才建立并逐步完善了家具产业体系，因而中国现代的木工工艺完全建立在家具产业体系的基础上，并以此为限定加以论述。

中国现代家具木工工艺的时段划分是指自1949年中华人民共和国成立开始直至今天，而真正意义上的现代化进程始于20世纪80年代，特别是90年代以来的发展。所以中国现代家具木工工艺可以划分为前30年（即20世纪50～70年代的起步时期）和改革开放后（即20世纪80年代至今的快速发展时期）两个时段。

2. 20世纪50～70年代的中国现代家具木工工艺

自中华人民共和国成立后，在前三年组织恢复生产的基础上，又在所有制方面进行了社会主义改造，并合并组建木器生产合作社或家具厂。在大中城市逐步形成了一批现代家具工厂，如北京木材厂、上海家具厂、南京木器厂、青岛第一木器社、天津第五木器社等。这一时期家具木工工艺技术有了较大的进步。但自20世纪60年代中期至70年代末，由于计划经济体制的缺陷和受西方经济封锁、贸易限制的影响，以及木材资源短缺，造成了家具生产的不足，供需矛盾十分突出，家具生产停滞不前。

这一时期，家具木工工艺的进步主要表现为从手工业向半手工半机械化的过渡，即以圆锯、带锯取代手工锯，以平刨、压刨取代手工刨，以窄带砂光机等取代手工打磨，以立式铣床取代手工线刨，以开榫机、榫眼机取代手工锯、凿的榫卯加工。但装配、修整以及雕刻等复杂工艺还需要靠手工完成。所用机械也仍然是通用的木工机械，并无专用的设备，效率和质量仍受操作工的熟练程度影响。

以机械木工取代手工操作是这一时期家具工艺进步的主要表现。其中，木工机械的获得主要采取购买和家具企业通过技术革新而自己制造相结合的方针。20世纪50年代，在苏联的帮助下建立了牡丹江木工机械厂，这是我国最早、最先进的木工机械厂，随后又有青岛木工机械厂、北京木工机械厂、信阳木工机械厂等一批家具木工机械制造企业建立，为这一时期满足企业对木工机械的需求做出了贡献。

20世纪50年代后期，上海的家具企业都自建机修车间，成立了技术革新小组，主要是自己动手制造简易的家具木工机械。通常是用型钢焊接机架，自己加工传动部件或变速箱，外购轴承、电机、控制电器等进行组装。有的企业为了省钱甚至以木构架取代钢架，电动机通过一组三角皮带带动一根装在木架上的锯轴即是最简易的圆锯机。上海的家具企业大都采取这样的方式自力更生，生产一大批简易的圆锯机、立铣、开榫机、方孔钻、窄带砂光机等。虽然精度不高，但在没有互换性的时代却也解决了初步机械化的问题。这一做法一直延续到80年代初期。因为上海机械工业基础雄厚，机械制造所需的零配件、电机、链条、皮带、齿轮等均可现购或定制，因而大大促进了这一路线的实施。到了70年代，还将当时流行的射流、液压等机械自控技术用到自制设备和专用生产线上，如传统缝纫机台板上的加工工艺复杂的"小黑板"组合机床，就将8道工序在一台机床上一次性加工完成。又如缝纫机台板上用于安装五金配件的36个螺丝钉，亦可用自动装配机一次性加工完成，还有板件的自动涂装线，板面的淋涂和边线的喷涂也实现了一次性完成。这种自力更生的做法也拓展到了全国，如河北蓝鸟家具厂就在上海家具厂的帮助下筹建有自制设备的大型机修车间，直至今天仍在发挥作用。

这一时期也流行自己手工制造家具。由于供需矛盾突出，加之家具贸易不发达，即使是上海也只有南京东路的上海轻工局家具总店等屈指可数的几家家具店，并且是凭票购买，还要通宵排队。一般中小城市没有家具专卖店，只能在日杂店买到白坯的餐桌、餐凳、碗柜等简易家具。因此，广大的乡村和城镇年轻人要结婚就得请木匠上门打造家具，或者在手工作坊定制家具。因而也培养了一批具有娴熟传统技艺的能工巧匠，为后来的现代家具工业的发展积累了一批宝贵的技艺型人才。而在大城市也流行自制家具，特别是有人热衷于学习木工工艺，自购木工工具，购买柴木或人造板厂的边角余料打造家具。

早期北京木材厂照片

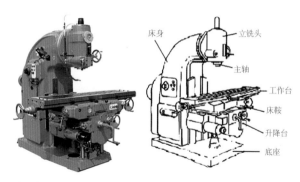

床身
立铣头
主轴
工作台
床鞍
升降台
底座

立式铣床结构

3. 20 世纪 80 年代以来的中国现代家具木工工艺

这一时期标志性的历史事件是党的十一届三中全会的召开，此次大会的召开标志着中国进入对内改革对外开放的新的历史时期，为家具产业的现代化创造了条件。主要表现为利用经济全球化的机遇，中国以廉价的劳动力和丰富的土地资源优势，乘全球产业转移的机遇，陆续地吸引了一大批海外家具企业在沿海地区落户，建立了一批外资或合资的家具企业。在获取海外资金的同时，更带来了新的材料、新的工艺技术与设备、新的产品和新的消费时尚等，使中国与世界接轨。随后，中国的家具产品开始进入全球市场，大大促进了中国家具产业的高速发展。而在企业体制方面，一方面是对原有的计划经济时期占绝对优势的国有企业进行股份制改造，以适应市场经济发展的需要，而另一方面又出台优惠政策鼓励民营经济发展，促成了一大批知名民族品牌和民营企业的快速成长。

家具木工工艺技术方面的进步主要表现为通用木工机械变为专用的家具木工机械，特别是板式家具的流行带来的32mm系统板式家具生产线以及拆装五金零配件技术的大力推行所带来的技术进步；数控机床的引进与开发开创了信息化之路；由个性消费带来的大规模定制的技术等，构成了这一历史时期家具木工工艺技术进步的主要方面。

（1）专用家具木工机械的应用与生产线的推广

20世纪80年代中后期，家具企业普遍开始应用专业的家具木工机械，取代过去的圆锯、带锯、平刨、压刨等通用木工机械。板式家具制造中用于人造板开料的推台锯；用于板式部件贴面或胶压的冷压机和热压机；用于板式部件裁边的双端铣；用于板式部件封边的直线封边机或手动曲线封边机；用于32mm系统钻孔的多排钻等是当时应用最为广泛的家具木工机械，并形成了最早的板式家具生产线。

最早引进板式家具生产线的企业是1979年在深圳华侨城建立的深圳华盛家具装饰有限公司，是中国首家板式家具企业。在华盛公司的影响下，中国各地先后从德国、意大利、日本等国引进了32000余台家具木工机械，共投资1.69亿美元，包括国家投资2200万元在南京木器厂建成的"现代家具样板工厂"，全国各地共建成了200多条板式家具生产线，使得以人造板为基材的板式家具在中国得到普及，80%左右的家具企业放弃了通用木工机械，摆脱了手工操作，实现了机械化和半机械化的生产方式。

早期的板式家具生产线仍然是单机作业，靠液压升降小车堆放板件，通过小车实现上下工序之间的连接。后来则有部分大中型家具企业开始应用滚筒运输机，实现了工序之间的滚动运输，实现了较先进的机械化和自动化生产。

（2）拆装结构逐步取代了不可拆的圆棒榫接合

20世纪70年代，北京、上海等地已开始生产板式家具，但都是不可拆的板式家具，其意义在于以单个的圆棒榫取代传统的榫卯结构，既可以简化结构，又可以节约用料与工时。通常圆棒榫加胶，使其牢固，但不可拆。在上海，这种板式部件常采用栅栏式空芯板结构，内部框架及栅条均为实木加工，且用半燕尾榫或卡口接合，经压刨加工成一定厚度后再用三层胶合板复面，裁成规格板后还要用实木条封边，十分讲究。以这样的板式部件用圆榫机涂胶后组装成产品，在底部均需加装实木脚架，面柜类的面板或顶板三边通常带有线型，以便与脚架协调，以保持实木家具的外观。但自32mm系统板式家具生产线引进及应用后，这种结构便被可以拆装的板式结构所取代。

板式家具的拆装结构完全摒弃了框式家具中复杂的榫卯结构，而采用圆孔的接合方式。圆孔的加工由钻头间距为32mm的排钻加工完成。为了获得良好的通用的连接，32mm系统便产生了，并成为世界家具的通用体系。中国的板式家具是在20世纪80年代开始实施的。32mm系统拆装结构是可以反复拆装的结构，板件与板件之间是用32mm系统的专用紧固件接合，圆棒榫仅起导向和定位作用。以拆装结构取代传统的榫卯结构，以部件包装运输取代整体产品包装运输，大大地降低了家具生产的成本并大大提高了家具的生产效率，从而提升了家具生产工艺的工业化水平。

板式部件的结构也有很大的改进，一是用刨花板、中密度纤维板、细木工板生产的实芯板式部件，经三聚氰胺浸渍薄膜或薄木贴面和封边，即可获得不同纹理与色泽和不同档次的板式部件。二是空芯板式部件内部的实木条

板式家具生产线

开始被刨花板或中密度纤维板加工的板
条所取代，不但简化了工艺，降低了成
本，而且板件的质量也更为稳定。

（3）数控机床的应用与信息化建设

专注专业研发和生产木工机械的德
国豪迈集团，早在1974年就制造出世
界第一台带NC轴控制的双端开榫机，
1982年诞生世界第一台使用代码全自动
设定的生产控制机器；1989年世界上第
一台带封边功能的数控加工中心诞生，
随后各种数控机床成批涌现。

圆棒榫

20世纪90年代中后期，中国有实力的企业开始从德
国引进数控加工中心，它拥有多种功能的刀具库，可以自
动换刀和锁紧，通过条形码识别软件控制刀具对工件进行
不同位置、不同加工内容的全自动生产。河北蓝鸟家具公
司就是利用加工中心对中密度纤维板的板面进行立体的雕

琢加工，并与真空复塑压床配合，生产具有雕刻装饰效果的家具门。除了加工中心外，还有数控开料锯、数控多功能封边机、数控镂铣机、数控UV涂装线、数控喷涂线等。当时深圳长江家私就引进了一套世界上最先进的价值680万元的大型加工中心，从此中国家具制造工艺与世界发达地区处在了同一起跑线上。同时随着广州圆方软件研发院研发的CAD软件在行业内的广泛应用，以及CAD/CAM技术与数控机床的接轨，使得中国家具企业的制造工艺在工业化的同时也开始了信息化的建设。数控机床的应用不但使多道工序得到了有效的集中，使得复杂的工艺或高难度的工艺变得简单，而且实现了自动化、无图纸化的生产。

与此同时，国内的家具木工机械在国内强劲市场需求的促进下获得了快速发展，如国内新兴家具木工机械之都——广东顺德伦教镇就聚集了"富豪""马氏""威力"等100余家专业的制造商和营销商，每年还定期举办一次家具木工机械展会，而且在世纪之交也研发和生产了一批高效而实用的数控机床，经济实惠，较好地满足了一批中小型企业的发展需求，也对家具产业整体技术装备水平的提高发挥了积极的作用。

而在设计与制造工艺信息化发展的同时，部分企业在供应链管理等方面开始应用ERP等先进技术。1995年，在中国家具制造基地东莞成立了国内第一家专为家具企业量身定制ERP的软件公司——广东数夫软件有限公司。1998年，条形码管控仓库库存模式在亚洲最大的家具企业台升家具有限公司实施并取得成功。后来又分别研发了适合于中小企业和大中型企业的ERP软件，包括家具企业从供应、开发、生产、营销、服务等全部业务流程，

数控机床

以及供应商、经销商等协作单位的管理，为家具企业管理信息化提供了解决方案。使包括"四海""亚振""华源轩""左右"在内的一批大型家具企业在信息化建设方面取得了较大进展。

（4）家具定制与柔性化生产技术进展

21世纪，个性消费已成为全球性的消费时尚与消费模式，中国的家具消费也开始了以定制的方式实现个性消费，最早是由装饰公司在装修现场进行定制。但由于受工艺条件与个人技能的限制还很难实现真正意义上的定制。

广州圆方软件研发院在20世纪90年代成功研发的家具设计CAD软件和家具卖场现场设计软件的基础上，2004年又成功研发了圆方销售、设计、报价系统和订单管理系统，并投资建立了"尚品宅配"这一全屋家具定制的全新定制模式和生产模式。在生产系统流程中创造性地开发了拆单的软件，对大批的订单进行图形化的物料解析，使整体产品成为不同规格的板式部件，并自动分包，生成发货清单。生产车间可将多个订单中的相同零部件进行拼单生产，以便按大规模生产的方式获取个性化的产品。在制造技术方面，"尚品宅配"所构建的柔性制造系统，既有柔性制造生产线，也有以一个个"点到点"加工中心为主构成的柔性制造单元。在定制产品设计方面主要注重的是品类的设计，以便形成可变形的产品模型，实现完善的变形机制，并很快就实现了从起居室、卧室、儿童房到步入式衣帽间、厨房的全屋定制。在产品风格方面也实现了从板式家具到板木家具、沙发、饰品等多品类、多风格的定制。

在圆方的大规模定制技术的促进下，有一大批企业开始了定制的营销模式，有的只定制衣柜和厨房家具，有的实现了全屋定制，还有的企业开始了办公室家具和酒店家具的定制，将定制模式从民用拓展到公用系统。而红木家具则面向高端市场开始了从珍贵选材、高端仿制到个性设计的纯手工定制。有的企业是自己研发，有的则从海外引进定制的软件技术和柔性化的生产设备，使中国的家具定制进入了一个新的时代。

综上所述，中国的木工工艺经历了新石器时代的用石斧、石锛、石楔、石刀等原始工具对树木进行砍伐，对木材进行断料、裂解和表面削光与磨光，对构件进行榫卯加工等最为基础的木材加工工艺的原始时期。在漫长的铁器时代，古代木材加工工艺得以进步与发展，主要有手工框锯的发明与完善带来的木材剖解工艺的进展；手推刨发明带来的木材表面加工工艺的进展；刀凿的完善带来的榫卯接合工艺与雕刻工艺的进展等。近代史上圆锯、带锯、平刨、压刨等动力木工机械部分取代了手工工具。以通用木工机械和自制家具木工机械进行工厂化生产是现代家具木工工艺的早期发展阶段。以专用家具木工机械取代通用木工机械，以生产线的形式组织生产，以数控机床带动家具木工工艺的信息化，以柔性化生产开始了大规模定制等标志着我国家具木工工艺步入现代化进程。这便是我国木工工艺发展的主线。

近代中西方的家具文化交融

1840年鸦片战争开始，我国逐渐进入半殖民地半封建社会，家具发展进入大萧条时期。但随着列强的入侵和清政府被迫对外开放，西式家具大量进入，使中国传统家具逐渐失去了在沿海城市和上流社会的市场。从此，中国家具进入了一个中西交融和双向发展的新时期。一方面是拥有悠久历史和优良传统的中国家具在这一时期开始走向民间、走向国外，在艰苦的特殊历史环境中积极寻求新的出路；另一方面中国家具进入了中西交融的新时期，形成了新型的海派家具。

一、中国传统家具在西方的传播

近代进入中国的西方商人和学者认识到了中国传统家具的艺术价值和辉煌成就，他们一方面从事掠夺、收藏、整理中国明清家具的活动，另一方面也将中国硬木家具的工艺传播到国外，在客观上为中国传统家具的传承和发展起到了一定的积极作用。

在对中国传统家具的研究中，有几件事值得一提。1922年，法国学者Olilon Roche编辑出版了第一部以册页形式面世的中国家具图册，题为 *MEUBLES DE LA CHINE*（《中国家具》）。该图册由当时巴黎的LIBRAIRIE DES ARTS DECORATIFS公司出版，以摄制精美的黑白图片为主，配有四页图录说明，简介每件藏品的名称、制作年代、主要尺寸及收藏出处等。该图册共有图版54幅，均出自明清时期，而且多为皇家御用，都是鸦片战争中被掠夺至海外的。该书同年又在伦敦出版英文版，并增加了一篇影响很大的前言，由英国当时著名的汉学家Herbert Cescinky执笔，作者文中谬误不实之处不止一处，但该前言却是国外专家研究中国古典家具的第一篇重要文献，对以后的汉学家和西方史学家有相当程度的导向作用。

1926年，德国学者Maurice Dupont编辑出版了另一部同样以册页形式出版的中国漆家具图册。该图册由当时德国斯图加特的VERLAG VON、JULIUS HOFFMANN出版公司出版，但有趣的是，这部图册仍然是在巴黎印刷的，而且也是54幅图版，刊印中国古典家具53件（套），它们由德国、英国、奥地利、比利时等国收藏。

以上中国古典家具图册的出版，说明中国明清时期的古典家具已经引起了西方学者的重视，为中国家具走向世界发挥了积极的作用，尽管这种传播是被迫的，是极不情愿，也极不光彩的。但就中国家具艺术和家具文化本身的意义而言，却是积极的，也是有效的。

随着中国古典家具精品在西方的传播和上述中国家具

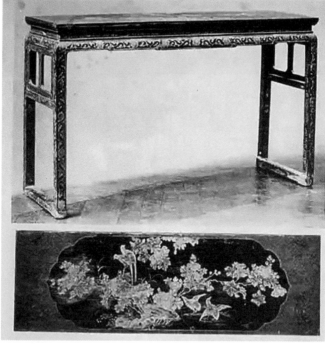

MEUBLES DE LA CHINE 内图片

图册的出版发行，中国古代家具体系开始对20世纪现代家具的发展起到非常关键的作用。在各个发展阶段，以中国家具作为原型进行再创造的建筑师、设计师不胜枚举，他们的成果对当今中国的家具设计师们有所启迪。方海博士将这种影响称之为"中国主义"，并举例说明"中国主义"的杰出表现个例。

原美国加利福尼亚州中国古典家具博物馆

格林兄弟作品中的"关门钉"

在美国工艺美术运动发展中，格林兄弟（Green Brothers）是建筑、家具设计方面最重要的代表人物之一，而这两位设计师的所有成名作品均与东方传统设计密切相关。如果说他们的建筑设计更多地受到日本传统建筑影响的话，那么他们精美绝伦的家具设计基本上是以中国明清家具实例为原型的。格林兄弟的设计是20世纪家具设计中精益求精的典范，在中国家具实例的基础上，两位设计师按当时社会的具体需要对家具原型进行了独到的诠释，尤其对中国传统家具制作中的某些做法进行了充分而得体的"发挥"，其中最典型的就是他们对"关门钉"大胆而优雅的使用。在中国传统家具中"关门钉"往往被尽量隐蔽，不希望它们太显眼，而在格林兄弟的作品中，"关门钉"完全变成了他们的"注册商标"，这种情况也表现在他们的室内设计中。

"中国主义"在现代家具设计运动中最突出地表现在北欧学派中，其中又以丹麦设计师的阵容最为强大。在这个强大的"中国主义"设计阵容中，最重要的旗手无疑是汉斯·瓦格纳（Hans Wegner）。瓦格纳早在20世纪40年代初就有缘结识中国家具，并对其"一见钟情"。所以当他受托为战时的一家丹麦公司设计一种优美而又省料的椅子时，中国圈椅成为瓦格纳的最终创作源泉。而瓦格纳所看到的中国椅的实例却来自Ole Wanscher教授在其著作中所引用的本文所列的两部中国漆家具图册。瓦格纳在1943～1944年一口气设计了四种"中国椅"（指投入生产的四种，实验阶段的当然远远不止四种），其中的第1号及第4号获得巨大成功，至今仍在生产中。瓦格纳的"中国椅"的成功对他以后的设计生涯影响极大，以至于在他以后的设计中又陆续推出一系列具有"中国主义"特色的现代家具，其中最著名的无疑是被美国人称作"椅子"的"中国椅"，其简明有力、干净利落的设计风格确实无愧于"最美的椅子"的称号。瓦格纳的"中国椅"早已成为丹麦现代设计的一部分，实际上它也是丹麦家具设计最典型的代表之一。另外一位丹麦建筑师汉斯·奥尔森（Hans Olsen）也以其设计的"中国椅"而著称，然而他的"中国椅"却完全不同于瓦格纳的"中国椅"，因为奥尔森是以中国官帽椅为设计原型的[1]。

中国椅

　　丹麦之外，瑞典、荷兰、美国、英国、法国、意大利等国家都有一大批设计师努力发掘中国传统设计主题进行再创作，而利用的原型则多种多样，手法更是丰富多彩，有些甚至就是直截了当地进行商业化处理。

二、西方家具的引进与流行

　　早在乾隆年间，北京长春园就兴建了一系列西式建筑，由传教士郎世宁设计和监造，这些欧式建筑采用了意大利和法国的巴洛克风格，郎世宁还为圆明园设计了各式西方灯具，在圆明园的宫殿里放置了路易十四和路易十五赠送的家具……嘉庆年间，各类"洋货"均得以在中国流行。

乾隆年间束腰拐子纹带托泥香几

随着西式建筑的流行，中国传统的室内设计也发生了改变，不少建筑采用西式客厅、西式家具和西式装饰陈设。政府开办的"工艺局"除设计和生产传统家具以外，还设计和生产西式家具。在宫廷中，西式家具和西式陈设日益增多。1911年辛亥革命以后，退位的宣统皇帝溥仪和皇室部分成员暂住在故宫的后半部，他们的日常起居、礼仪制度仍然由传统模式维系，而生活方式则日益西化。溥仪穿西服、喝咖啡、吃西餐，外出乘坐汽车，平时则在宫内骑自行车消遣，或摆弄照相机拍照，或放留声机听音乐，观赏小型幻灯片。宫室内陈设西式家具，安装了电话机。1924年，溥仪将故宫内的养性斋赐予他的英国老师庄士敦（R.F.Johnston）居住。除一些传统家具以外，庄士敦大量选用各种西式物品，如西式躺椅、西式桌椅、西式沙发、西式玻璃花插、西式钟表、电话机、台灯、吊灯等。养性斋的室内陈设充分反映出当时中国社会上层生活方式的巨大改变。20世纪初，中国各地已经开设许多生产西式家具的工厂，闽粤沿海和江浙、上海等地的工匠则最早仿制西式家具。1912年，上海《申报》曾发表题为《做上海人安得不穷》的文章，文中指出："以前家中陈设不过榆木器具及瓷瓶铜盆，已觉十分体面。今上海人红木房间，觉得寻常之极，一定要铁床、皮榻、电灯、电扇、才觉得适意。"

特别是1854年以后，上海租界人口主要是华人，欧美的物质文明、市政管理、生活方式、伦理道德、价值观念、审美情趣都被带到租界，使租界成为东方世界中一块西方文化"特区"，租界所体现的西方文化和生活方式，极大地刺激了上海中上层市民，并迅速地得到扩散。而西式家具是表征西化和西式生活方式的典型产品，因此西式家具在上海以及其他沿海开埠城市的流行是不可避免的。西方工商业主纷纷来沪开业经商，并在租界定居，有的随家属一起带来了他们的西式家具，有的通过洋行购置进口家具，有的则提出式样和要求在沪做西式家具，并带来了西方家具文化。这样，就为上海家具业生产西式家具提供了条件。1871年，宁波籍乐宗葆在上海创办了第一家西式家具企业——泰昌木器公司，在南京路（今南京东路）租屋营业。1923年，在南京路贵州路口（今上海卧室用品公司宁波子公司所在地）建造一幢四层楼房，扩大营业。在贵州路85～95号设有木器制造工厂，生产仿西欧宫廷式家具，产品有写字台、大餐桌、扶手软垫椅、橱柜、架几、穿衣镜、沙发、雕刻樟木箱等。原料中的柚木、玻璃等都是从国外进口。

1886年，南京路上的英商福利公司除经营进口家具外，在南京路附近（今凤阳路927号）开设福利公司家具厂，用机器生产家具，主要供应外侨、洋行和外国机构等。当时，国内的一些洋务派官僚、新派人士效仿西方生活方式，也购买起西式家具，一时西式家具销售兴旺。

1888年，奉化籍木工毛茂林来沪做个体木工，开始时在四川路（今四川中路）腾凤里弄口设摊，以修理木器和沙发为业，后来在英商轮船上修理家具，得到英国老板的赏识，租借给他在四川路600号的几家店面，开设了毛全泰木器公司，专做西式家具。由于业务兴旺，发展很快，除了在其自己的东体育路24号的二层楼房做木、漆工作场外，还有10多家木工作场定点为其加工家具白坯。

1905年，英商海克斯在静安寺路（今南京西路889号摩士登商厦）开设美艺木器装饰有限公司，聘请英国设计师和英国管理人员，在上海招用木工、漆工和沙发工，生产西式古典家具。该公司产品美观精良，称为工艺木器，价格昂贵受到上海上流阶层的赞赏，很快闻名上海，成为上海西式家具企业的一面旗帜。

　　1912年国民政府成立后，人们的思想得到解放，西式家具越发盛行起来。1917年，先是公司开张，设有家具部，供应西式家具。该公司在华德路（今长阳路）设有家具工场，生产家具。1918年，永安公司开张，也设有家具部，自设家具工场。1920年，德商在静安寺路（今南京西路鸿翔公司）开设家具公司，取名"现代家庭"（Modern Home）专为外国人和中国富商设计家具和室内装修[2]。1933年以后，德国建筑师Richard Paulick来到上海，开始在一家美国人开的建筑事务所工作，后进入"现代家庭"工作。在1946年，其将"现代家庭"的英文名改为"Modern Homes"，地址在当时的"鸿翔"公司楼上。Paulick兼任上海圣约翰大学教授，讲授城市规划和室内设计两门课。1947～1949年，在上海圣约翰大学建筑系学习的曾坚先生也来到了"现代家庭"公司工作。曾坚先生对当时的情况仍记忆犹新：当时的条件很差，有7～8个中外设计人员，专门负责中外商人的室内和家具设计，并有协作工厂配合制作装饰构件和加工家具。1921年，宁波籍的水亦明原在泰昌木器公司任职，由于不甘心寄人篱下便离职，在四川路桥堍开设"明昌木器店"，营业发展很快。5年后，租下了四川路（今四川中路540号）怡和洋行的一幢四层大楼，经改建后，正式成立"水明昌木器有限公司"，总店设在四川路，总厂设在闸北天通庵路，生产和经营高档西式家具。以后，新新公司、大新公司相继开业，均有家具供应，自设家具工场生产西式家具。

上海石库门屋里厢博物馆的海派风格梳妆台

　　与此同时，一批中小型西式家具店相继建立，有华孚、精艺、金安、精华、康乐、申泰、艺林等家具店，上海形成了具有相当规模的西式家具行业。家具式样主要有英国大英式（英国18世纪的威廉和玛丽式、安尼女王式等）、法国法兰西式（主要是路易十四式家具）、美国的花旗式（主要是美国殖民式家具和美国联邦式家具），以及德国的茄门式、毕德迈尔式等家具。品种有卧房家具、餐厅家具、会客家具、起居家具以及银行、洋

东方国拍2015年秋拍的民国时期的海派麻将桌

行等机关团体的办公家具[3]。除了木制家具外，还带来了金属家具和软体家具。金属家具主要是铁床和少量的铜床，而软体家具则有沙发、软包座椅，以及弹簧床垫等。随着西方生活方式在上海、天津、宁波、广州等开放城市的流行，西式家具也从此在古老的中国获得了一席之地，并在一定范围内得到了发展。中国家具市场首次呈现国际化的局面。

三、中西家具交融对中国传统家具的影响

在西式家具的强势攻击下，中国传统家具在沿海城市和上流社会受到了重创，但是有着悠久历史和辉煌成就的中国传统家具并没有消亡，而是通过人们对中国传统家具的系统理论研究，通过宫廷家具的民间化和高档家具的大

众化，通过中西交融开发新型的海派家具等途径，使中国传统家具得以继承和发展。

1. 对中国传统家具进行深入的理论研究

鸦片战争以来，中国宫廷家具珍品被大批掠夺到海外，在西方世界产生了广泛的影响，并被一批专家学者看重，在法德等国出版了中国漆器家具图册，后来又有德国学者艾尧先生的《中国花梨木家具考》在德国出版，在海外引起了世人对中国传统家具的关注和兴趣。

我国最早对传统家具进行系统研究的学者是杨耀先生。杨耀先生早在20世纪30年代就开始了对传统家具的收集、整理和测绘。杨耀先生的研究成果主要如下。

① 确定以使用功能作为明式家具分类标准。研究明式家具有多种分类方法，但以使用功能作为家具分类方法最具有概括性。杨耀先生通过对明式家具进行科学分析和研究，提出了按使用功能把繁多的明式家具归纳成六大类的意见，即：凳椅类、几案类、橱柜类、床榻类、架类、屏类。这种分类方法纲目分明，易于总结，便于探索家具演变规律，多为后来研究明式家具的人们所遵循。

② 为明式家具的研究探索出一条科学途径。是把明式家具当成纯工艺美术品去品味鉴赏，还是把明式家具当成古代物质文化的一部分，放到具体历史环境中去考察，解剖它的结构，研究它的榫卯连接方法，分析它的工艺技能和造型方面的成就，这是两种完全不同的研究方法。杨耀先生主张并亲身践行后一种方法，从而为我们树立了榜样并开辟了一条科学研究明式家具的途径。

③ 虚心向匠师学习，走理论联系实际的道路。杨耀先生经常下作坊、下工厂向工匠请教，观察他们的操作，

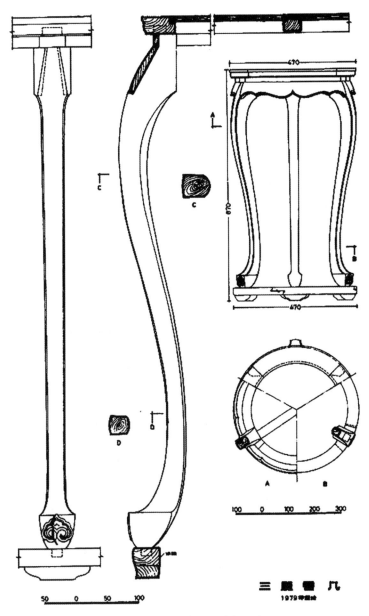

《中国花梨家具图考》测绘图纸（艾克先生指导，杨耀先生测绘）

整理他们使用的专用术语，并通过自己亲自实践来剖析验证，发掘确定明式家具的专用术语，榫卯、线型、装饰配件等名称，绘出榫卯连接图纸，这就大大方便了后来的研究者。事实上，他的这些劳动成果直到今天一直为后人所沿用。

④ 宣传和保护明式家具。我国古典家具发展到明代，达到了它的高峰，各方面取得了极高的成就，是我国古典文化和生产技术的重要遗产，长期以来未被人们所认识。自从杨耀先生开展对它的研究和宣传后，才引起各界人士的瞩目，于是收藏、鉴赏明式家具成为一时风尚，私人和博物馆开始将明式家具作为一种珍贵的文化遗物进行收藏。杨耀先生还是著名的明式家具收藏家，使不少明式家具珍品得以保护，至今流传于世，在这方面杨耀先生的历史成绩是很大的。

2. 传统家具在民间的发展

在西方文化的强力冲击下，以苏式、广式和京式为代表的明清家具逐步衰落，我国家具市场中传统风格家具一统天下的局面被打破。但是中国传统家具并未衰亡，并在城市和乡村继续广泛流行和发展。代表着家具工艺最高水平的宫廷家具也在这一时期流入民间，坚持中国传统家具的民族性，大力发展民用家具，使宫廷家具民间化，高档家具大众化。这使得具有传统风格的近现代家具在继承明清家具艺术的基础上又有所发展，家具生产范围进一步扩大。除了原有的北京、苏州和广州三大家具制作中心以外，上海、天津等新兴工业城市的家具生产也都迅速发展起来。根植于家庭手工业并拥有广大民众基础的家具生产顽强地延续下来，造价昂贵的硬木家具在失去了宫廷贵族、官绅富贾经济支持和大量需求的情况下，转而发展民用家具，大批硬木家具艺人也纷纷流入民间，以其精湛的技艺和聪明智慧为民用家具的发展带来勃勃生机，这对宫廷家具艺术走入民间和硬木家具大众化起到了极大的推动作用。据上海《家具》杂志记载，1946年上海有中式家具店260家，西式家具店95家，木工坊达1000多家。可见传统家具在上海获得了较大发展，并且在一般市民消费中占有主导地位。此外，浙江宁波的骨嵌家具，云南的大理石家具，山东潍坊的嵌银丝家具，以及江南各省的竹藤家具也都得到了相应的发展[4]。中国的传统家具不但供国内销售，而且还供出口。1914年，马德记家具店的银杏木写字台、红木桌椅在巴拿马商品博览会上获三等奖。据上海某杂志通讯报导，1921年，专营高档红木家具的厚昌木器店在上海滩很出名，他们生产的红木家具主要供出口，并在法国开有"厚昌木器号"，销售中国传统（红木）家具。1921年世界博览会在德国莱比锡举行，"厚昌"送展的一套红木客厅家具获得了"艺术奖"。20世纪初的中国传统家具能够走出国门，并在世界级的博览会上获奖，这充分说明中国传统家具的民族特征和艺术魅力，也说明中国传统家具早在一个世纪前就已经在国际市场上流行，并在世界家具发展史上占有了一定的地位，产生了广泛的影响。

3. 中西交融的海派家具的开发与流行

20世纪30～40年代，随着西式家具的流行和各种设计思潮的传播，以及新的现代生活方式的出现，中国传统家具在坚持传统性和民族性的同时，又顺应了时代的发展，将传统家具与西式家具的艺术相结合，中西融汇，洋为中用，从而创造了一种具有双重特色的新型家具，因为这些家具最早出现在上海，因而又被称为海派家具。

1932年，从法国留学归来的设计师钟晃，在上海霞飞路（现淮海中路）开设艺林家具店，他在法国曾从事室内装饰的研究，因而对西式家具有较深刻的理解，他一改以往的做法，既没有坚持中国传统，也没有一味地仿照西式家具，而是设计出一种具有流线型的现代家具，在风格上中西结合，功能更趋合理，造型更为美观，线条更加清晰，并将木拉手改为金属拉手，明铰链改为暗铰链，还改革表面涂装的工艺与涂装效果，开始追求木材纹理的显现，为海派家具的形成迈出第一步。海派家具一方面表现为对外来家具文化的包容性，它不盲目排斥异己，而且取中庸和折中的态度，表现出对西方古典家具发展史上经典形式的认同，有选择地吸取西式家具中的合理成分，从款式、功能到结构和工艺都加以吸取，并融入中国传统家具中，使家具较适合当时的国情与生活方式。并可以根据不同业主的审美需求，创造出不同的"西式中做"的新式家具。也可以说海派家具是西式家具本土化的结果，为中国现代家具奠定了基础。海派家具的另一方面则表现为对中国传统家具文化的传承。海派家具从材料、结构和工艺上仍然是以中国传统的习惯做法为主，虽然吸取了许多西式家具的工艺技术和装饰特征，但与纯正的西式家具仍有较大的差异，因此当时的海派家具也是中国传统家具国际化的一种尝试。

典型的代表是创建于1862年的上海百年老店——张万利木器号，第二代传人张中原也于1932年开发出全新的红木现代套房家具，红木家具有了意大利式、英式等国际流行式样，产品选料讲究，工艺精湛，打磨涂装精美，光亮如镜，获得上流社会的普遍欢迎。由赛珍珠女士编

民国红木镶瘿木三弯腿海派扶手椅

写，在美国拍摄，保罗·穆尼主演的一部反映中国农村灾难的影片《大地》中，地主家所陈设的红木家具全部都是由张万利木器号设计制作，也轰动一时。庞大的市场需求在相当程度上锻炼了一批懂传统家具技艺，又深谙西式家具的匠师，他们大多集中在上海、广州、南京、武汉、天津等地，且好学敏求，精益求精。至20世纪40年代，匠师队伍已日趋成熟，虽然从整体上看人数偏少些，但毕竟是中国近代家具发展过程中的一支重要力量，也是家具史上的一件大事。近代家具匠师队伍的发展突破了长期封建社会家传口授式的传艺方式，改善了木作徒工"学三年、帮三年"缓慢艰辛的学艺过程和繁冗沉重的劳动杂务；促进了具备近代家具科学知识、掌握家具设计技能的机构和团体的形成；使家具设计的实践和家具科学理论得到初步的结合。近代家具凝聚着我国近代家具匠师的心血和才智。

四、结论

中西交融时期的民国家具是中国传统家具在西方传播和西式家具在中国流行的背景之下，以及在中国对自身传统家具进行研究和发展的基础之上建立和发展起来的，民国家具是中国继明式家具和清式家具以后的又一重要家具发展里程碑。研究这一特定时期的民国家具对发展现在的家具产业有着极高的参考价值。

参考文献

[1] 方海. 从古典漆家具看中国家具的世界地位和作用（下）
　　[J]. 家具与室内装饰，2003（1）.

［2］陈瑞林. 中国现代艺术设计史［M］. 长沙：湖南科技出版社，2002.

［3］邓力群，马洪，武衡. 当代中国轻工业（上）［M］. 北京：中国科学出版社，1985.

［4］彭泽益. 中国近代手工业史资料（1840—1949）［M］. 北京：中华书局，1962.

中世纪的家与家具

欧洲从西罗马帝国衰亡到文艺复兴时期的一段时间，史称中古时代或中世纪。中世纪历史分为前、中、后期三个阶段。"黑暗时代""黑暗时期"一般指中世纪早期。这一时期，旧文化惨遭破坏，新文化尚未产生，整个欧洲处于昏暗之中，因此史学家将中古时代的前半期称为"黑暗时期"。但文明的进化仍未停息，其以自身的活动加速着丰富多彩的生活方式的自灭与自生，并推动着不同文明模式之间的交融与更替。

根据不少学者一致的意见，家就是屋和屋内的人的组合。中世纪的屋包括农民的屋、农村庄园主的屋、城市贫民的屋、一般市民的屋和王公贵族的屋等不同类型。中世纪的家庭则有单亲家庭（寡妇、鳏夫或未婚单身者）；核心家庭（有丈夫、妻子，有或没有孩子）；大家庭（包括

祖父辈、父辈，或兄弟姐妹、或堂兄弟姐妹）；复合家庭
（多个核心家庭）等类型。中世纪的家庭除了各种家庭成
员外，还有佣人和仆役，这类成员类似于中国封建社会的
长工，他们长年累月与主人同处一个屋檐下，是非血缘关
系的家庭人员。

欧洲中世纪时期每一种类型的家庭，小的或大的，富
裕的或贫穷的，农村的或城市的都有不同的居住类型。

欧洲地域广阔，其自然环境、宗教信仰和社会习俗均
与东方存在差异，不同发展时段的居住类型也有所不同，
不能全面概括，下面仅以文艺复兴前夕托斯卡纳地区的居
住形式为典型予以简介。

乡村农民的住宅以碎石为墙、茅草盖顶、粗制滥造的
小屋为主，室内空间为"13～16×26～33"英尺❶。狭小、
布满烟尘，没有内墙分隔，不能给居住其内的人提供任何
的舒适度与私密性。

在众多的农舍中，有一种叫长房（Long Domus）的最
为典型，有时又称之为混合房。同一屋檐下既住人也住牲
口。尽管人畜共居，但空间划分还有其合理之处，它以牢
固的隔墙将人畜的出入口单独分开。人居空间常常要摆几
张床，以便满足家人同时使用。长房是一种生活方式，而
不完全是经济困难的人使用。阿尔卑斯山和法国中央高地
也普遍存在这种长房。长房附有用木栅栏围住的庭院，内
有水井、猪舍、打谷场、谷仓等设施。

较富裕的农民或农庄主的住宅要好很多。墙和屋顶都
使用一些坚固的材料。墙用石材或砖头，屋顶盖瓦片，而且
室内空间也更大，通常为"33～39（长）×16～20（宽）×

---

❶ 1 英尺 =0.3048 米。

托斯卡纳农庄

托斯卡纳小耳朵教堂

托斯卡纳城堡

卡诺莎城堡

16（高）"英尺。内部用墙分隔出大厅、卧室、储藏室等，或许还有阁楼和凉亭，凉亭为户外活动提供了空间。住宅多为2~3层。一楼常为牛棚，2~3楼为大厅、卧室和走廊。

作为农庄领主的房子，据1379年的文献描述，这种被称为"庄院"的房子里有一个大厅，上层有3间房，下层有2间房，上下共有4座火炉，还有一个巨大的阁楼，阁楼下是牛棚。与住宅毗邻的是一个小礼拜堂，一间厨房及餐具室，还有畜栏、谷仓，以及供农场工人住的小房等。这是功能较完整的"庄院"，是庄主的理想住宅。

对于城市贫民，一般只能住在有1~2间房且摇摇欲坠的板棚房里，或住分开的两间楼房中，做饭、吃、住都要分开进行。

在城市，工匠、店主或其他被称为中产阶级的人多住公寓或独栋住宅，它们大多是租来的，也有自己拥有产权的。居室通常包括大厅和卧室，也包括室内厨房。但大厅和卧室的功能常常混淆不清，大厅常常也摆床睡觉，卧室也常作为聚会的地方。对于工匠和店主，住宅不仅是居所，同时也是作坊或商店，白天用于贸易，晚上则用于睡觉。

富裕大资产阶级和贵族则拥有2个或2个以上的大厅和与大厅相邻的多间卧室，还有厨房、佣人房、储藏室等。到了14世纪，由于房间的增加，主人夫妇及其父母、孩子、佣人都拥有了自己的私人空间。

中世纪的城市都建有教堂和修道院等宗教社区，住着修士、修女、牧师和主教。国王、王子和大领主等贵族拥有他们自己的官邸或城堡。侍卫官、法官、金融家、名医等则拥有相对优越的宅邸。

就城堡而言，虽挺拔高大，早期的功能主要是御敌骚扰，但其居住功能远不及中国的客家土楼。领主夫妇的卧室在塔楼的上层，楼梯上人来人往，不断有人来卧室来请示汇报各种事务。毗邻卧室的是侍从和护卫们的房间，连接各房间的门是敞开的，毫无私密空间可言。由于缺水，妇女们也只能早上洗洗手和脸，要等到夏天才到河里去洗澡，因此女主人为丈夫、孩子抓虱子则成了一种职责和规矩。

中世纪家具的特点是简单而稀少。简单指住宅内部家具陈设十分简单，也指家具形态相对简约；稀少指家具品类少，也指家具数量相对较少。供居住的大房子也只有寥寥的几件家具，墙上挂一幅绣帷，大壁炉旁摆一把椅子，椅子只是摆设，人们常席地而坐，除了简陋的椅凳供就座外，人们还可以坐在台阶上或衣箱上，床也常常是白天当坐具使用。中世纪的居室是多功能的，大房子可能是烹调、进餐、接待宾客，或进行手工作业，或进行贸易，甚至也是晚上睡觉的地方。因而家具也必须是多功能的，如衣箱既供存放衣物，又是坐具，晚上拼起来还可以睡觉，又如餐桌既可以料理食物，还可以进餐，或做写字台，或供晚上睡觉。

中世纪的家具品类主要有床类、椅凳类、衣箱类、桌类和少量柜类家具。床有架子床和简易或折叠小床；椅子有直背椅、长椅和箱座椅；箱类有衣箱和珍宝箱；桌子有餐桌和写字台；柜类有餐具柜与陈列柜等。

床是中世纪的重要家具，即使是贫穷或境遇悲惨的人也会有一张床。

床有带床屉的大床和不带床屉的简易小床或折叠床。

位于 Blois 城堡的 Catherine de Medicis 卧室

中世纪四柱顶盖床

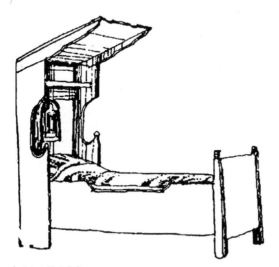

中世纪二柱顶盖床

卡索奈的长箱

完整的架子床（或四柱床）由三部分构成：床屉、床架和
床垫等床上用品。床屉内要安装床板或用绳索编结的床屉
软网，类似于中国的棕绷。床屉离地面要有足够的高度，
以便将小床放在下面，需要时拉出来使用。为了方便移
动，有的小床脚上安上了滚轮。

床面常常较高，因此配木制的台阶，以方便上床，据
文献记载，有的大床三面设有台阶。但也有在床的三面设
置衣箱以取代台阶方便上床，同时也便于晚上看守箱内
财物。

床屉底板铺有稻秆，上面再铺上缝制的床垫，床垫内
填充有稻秆碎料、燕麦或羊毛屑，最高级的床垫内装有羽
毛或羽绒。

床帘或顶篷有多种形式：帐篷形、亭顶形、华盖形、
高屏半华盖形等。床帘有时装在床头的墙面上，或安挂在
天花板下的横杆上，在四柱的顶部加横杆安挂床帘更为
常见。

法国巴黎装饰艺术博物馆收藏的 1510 年的餐具柜

一间居室内放几张床视共居人数而定，一般放 3～5 张最为常见。中世纪的大床并非供一对夫妻使用，或许还有未成年的孩子与其同床，或几个兄弟姐妹共用，或几个仆人共用。更多的情况是同一室内一张大床配几张小床。

尽管有大床的相对奢华，但大多数穷人的床根本没有床屉和床帘，仅以填充稻秆的床垫放在厚木板上，或直接放在地上使用。

衣箱是中世纪最重要的收纳类家具，这类产品有带脚座和不带脚座两种形式，并普遍存在于中世纪的民宅、王宫和教堂中。即使是农舍中也有数个衣箱放于卧室之中，以便收存重要器物、衣物和床上用品。

不少地区还流行以衣箱作为嫁妆陪女儿出嫁，其表面装饰或雕刻、或镀金、或彩绘，十分精美。有些尺寸较大的衣箱在一些文献中被称为衣柜，实际上仍是打开上盖板存取衣物，并无柜门。虽然在 12 世纪也出现过带门的衣柜，但直到 15 世纪以后才出现了较多安装柜门的衣柜，再往后便出现了带抽屉的衣柜或衣橱。

中世纪早期的珍宝箱则尺寸较小，最古老的珍宝箱是用一根粗大的树干剞制而成，并用铁条包扎加固。可能是用于收存珍稀物品，所以获得了"珍宝箱"的美名，其外表满布雕刻图案。

中世纪另一类收纳家具便是碗柜。其功能一是用于存放餐巾、台布等织物，二是收纳和展示餐盘等餐具，三是纯粹用于展示银器、水晶制品或来自东方的瓷器。碗柜常成组放在大厅之中，是主人社会地位和财富的象征。

中世纪的坐具主要有靠背椅、箱式座椅、长椅，以及圆凳、方凳、折凳等。

靠背椅的靠背或高或矮，但都是垂直的，毫无舒适可言，即使是宝座或主教椅也不例外。在中世纪，人们关心的不是坐得是否舒适，而是关注该坐在什么地方。坐错地方或坐在不该与之并肩而坐的人身边，都是严重的失礼。不管是在大厅还是在餐桌旁都是如此。

长椅是一类供2~3个人同时坐的宽座椅，形式有带扶手或不带扶手，其靠背仍然是垂直的。长椅在民宅和教堂中广为流行，在当今的北欧餐室家具中仍可找到其踪影。

箱式座椅是在木箱或矮柜的基座上加装靠背和扶手，它是箱与椅的组合，既有坐的功能，也有收纳物品的功能。箱式座椅在欧洲中世纪广为流行。

台桌类家具主要是餐桌和写字台。餐桌是广泛使用的家具，有条形、圆形和方形台面等不同形态。桌子的底座常为H形的木结构，用1~2根横杆连接两块造型丰富多样的支撑花板，桌面下常设有抽屉式的储物空间。

桌子有固定式和移动式两类。固定有两种含义，一是桌

但丁椅

斯卡贝罗椅

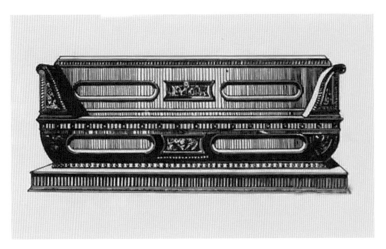

卡萨盘卡箱式长椅

面固定在支架上，二是支架固定在地板上。移动式也有两种含义，一是桌面可以从支架上拆卸，二是支架也是可以拆卸和随便搬动的，它们也可以看作是现代拆装家具的原型。

总之，中世纪的家具简单而稀少，现存的实物更少，记录中世纪家具的文献和资料也十分匮乏。因此，有关中世纪家具的描述可能存在谬误之处，还有待进一步从其史料中进行探索。中世纪家具作为欧洲文明进化史链条上的重要一环，其重要意义是不容置疑的。

古今中外话床史

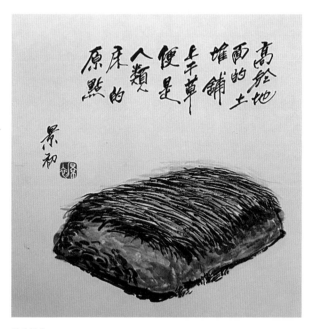

高于地面的土堆铺上干草便是人类床的原点

景初

原始的床

世界上最早的床发现于南非的一个岩洞内，距今约7.7万年。据报导，约翰内斯堡大学的林恩·沃德利教授带领考古人员耗时10年挖掘一个名为"斯布度"的岩洞，在洞穴地面上发现了层层铺叠的禾草、莎草和灯芯草，这可能是人类最早的床铺原型。西安半坡遗址也发现了新石器时代高约10厘米的土台，这个土台也是床的原型。后来发展成了北方人睡觉的火炕。

　　公元前4000年前后的古埃及也出现长榻和类似长榻的木床。法老的床头部有新月形支架头靠，脚端有雕刻着敌人图像的挡脚板，以寓意睡觉时都将敌人踩在脚下。床的头部略高，脚部偏低，即床有一定的倾斜度，以防止熟睡，当有敌情时随时可以惊醒。当时的长榻和床的造型类

图坦卡蒙法老陵墓前厅的殡葬床

似于今天的担架，只是两长边的下端装有4根同向行走状的兽足雕饰。

中国的床出现得也很早，公元前1000年以前的商周时期就出现了床，"乃生男子，载寝之床"（《诗经·小雅·斯干》）。目前史料的记载有《战国策·卷四齐》，"孟常君出行国，至楚，献象床。"汉代刘熙的《释名·释床帐》，"床，装也，所以自装载也。"又说"人所坐卧曰床"。床和榻有一定的关系，《通俗文》曰："三尺五曰榻，独坐曰枰，八尺曰床。"可见床与榻的区别在于尺寸。有关床的实物，河南信阳一号楚墓出土的战国彩绘木床是目前所见最早的床的实物，长218厘米，宽139厘米，高44厘米，其形制与今天的床相差无几。床的四周有可拆卸的方格形

战国彩绘木床

栏杆，两边栏杆之间留有供上下床的缺口。床身是用纵四横三共7根方木榫连接而成的长方床框，上铺用竹条编排的床屉。床足雕刻成对称的卷云形托肩，上有斗形方托，斗中间以方柱状榫插入床身之下的孔眼中，可见其结构也十分合理。

在欧洲漫长的中世纪，家具贫乏而简陋，床也是如此。早期床类似于古埃及的床，可以拆卸或折叠，当他们旅行或走亲戚时常将床和衣物一起带走。到了后期才有了大床，大床则大得出奇，简直就是一个睡觉的大平台。一张床通常有3平方米，可睡几个人。维尔大床（the Great Bed of Ware）能让4对夫妻舒适地并排睡在一起，而且彼此不至于相互干扰。另外还有一类是流行于15～16世纪

维尔大床（the Great Bedl of Ware）

苏黎世四柱床

Bürglen Castle TG 的四柱床

阿尔卑斯山地国家的哥特式后期的带华盖的床。一种是靠墙一端带华盖，另一种是类似于中国的架子床，有一种弧形天盖连接两端高型的屏板架，不同于中国架子床之处是它仍可以两边上下。而在浪漫主义时期则开始流行四柱床，法国的四柱床多用幔帘围封，而英国人和西班牙人则喜欢用旋木柱或绳形柱装饰。

无论是西方的床，还是我国早期的简易屏风床，它们四周的围合，皆不是很严密，有的只围了两面，说明床的空间封闭性并不强。我国魏晋南北朝时期，床的封闭性进一步加强，从东晋时的《女史箴图》中可以看出，大床四面设屏，前向留有活动屏供人上下之用。屏上设帐，形成封闭式的四面屏风床。但在结构上仍然是屏为屏、帐为帐、床为床，三者结合并不紧密。直至宋代才出现了围护构件与床主体连接成一体的屏风床或围子床。到了明代便

《女史箴图》中的大床

顺理成章地产生了架子床，有四柱或六柱架子床，甚至八柱架子床。床的三面设围，并有床盖，帐幔依附于床架之上，起到了进一步围合空间的作用。所以古人闹新房时，即使朋友们捅破窗户纸往里看，因为有帐幔围合严密，也不用担心。后来又有了拔步床，也写作"八步床"。拔步床是在架子床的基础上外设浅廊，活脱脱像一间房，浅廊两端还可放置小柜和马桶等，整个床就是一个前堂后室的空间布局结构。

综观中国床，从屏板床榻到罗汉床再到架子床和拔步床，从开敞到封闭，从帐幔临时性围合到床结构自身封闭性形成的整体演变过程，不难看出私密性的要求在其中起着重要作用。

就中西方床的比较而言，中世纪时期的西方不追求私密性，主仆共居一室，四对夫妻共处一张大床，空间虽说

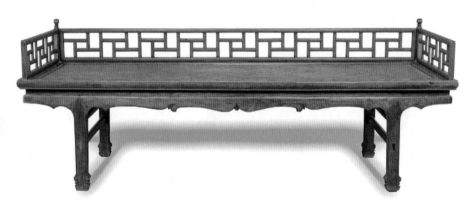

明代楸木剑腿风车围子床

硬木八柱万字纹围子拔步床 清代

凡尔赛宫中路易十四的豪华大床

足以容纳，但相互间毫无遮拦。民间如此，国王也不自在，路易十四及以前的国王，在他们豪华的华盖床边，常常是大臣们早请示、晚汇报的地方。

直至1715年路易十四去世，他年幼的曾孙路易十五续位登基后，家具才以轻松活泼的风格取代了拘泥形式的风格，由堂皇富丽逐渐趋向保护隐私，由宏伟壮丽转为精细柔美。房间也开始分为公共区（厅）与私密区（卧室）。路易十五迁入凡尔赛宫以后第一件事就是重新安排他的生活区。那座巨型的国王卧室依然如故，奇异独特的起身礼和就寝礼也仍然保留，那是做给臣民看的，它已沦为一种仪式。因为国王再也不睡在这里，而是睡在不对他人开放的私人寝宫。

20世纪以来，随着中西方交流的频繁和密切，中国和欧美各国大众所使用的床都开始走向交融和同一化，不管是古典风格还是现代风格，不管是木床还是金属床，不管是民用还是宾馆用，在当今世界上屏板床是独领风骚的床的式样。

『石库门』与海派家具

　　"石库门"是19世纪后期至20世纪初上海城市民居建筑的一种新时尚，它是中国江南传统民居与欧洲联排式住宅相结合的一种新型住宅建筑，类似于今天的联排别墅。但它又不同于联排别墅，因为它不是建在开阔之地，而是建在城市街区弄堂的两侧，一排排、一列列，是闹市里的住宅区。百余年来它一直是上海人心目中的理想家居。临街的一面是有着中国城墙遗韵的围墙，每栋"石库门"都装有一对高大的带锁的木质漆大门，门上一般镶有一对擦得锃亮的兽头铜环，门廊上则常配以文艺复兴式的有浮雕装饰的半柱与顶饰。门内是一个天井，正中是客堂间，后门出去是楼梯和灶披间（即厨房）。天井小院的两侧是前后厢房或叫"耳房"，二楼则为卧室和书房等。卧室又分主人房、老人房、女儿房、儿子房等。三楼为天台和亭子

上海石库门

上海山海关路的石库门

法租界石库门房屋结构图

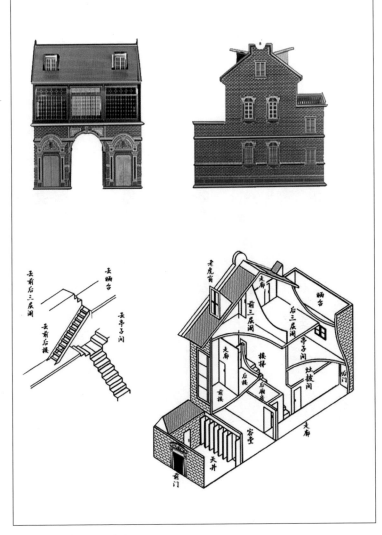

上海法租界石库门结构示意图

上海石库门屋里厢博物馆

间，即建在天台上的小平房，家庭困难时也用于出租。20世纪20~30年代，有多少落魄的文人都是在亭子间写出了他们的不朽之作。

"石库门"的主体结构仍恪守中国传统建筑的格局，但细节却充满西方元素，如建筑材料已用上了水门汀（水泥），在空间利用上，由传统的一进、二进改为了二楼、三楼，以便节省占地面积，而又获得同样大小的居住空间。用玻璃取代了窗户纸，而百叶窗则完全是西方的。"石库门"的生活场景在今天上海兴业路上的石库门屋里厢博物馆中仍可一窥端详。

随着时间的推移，由于战乱及中华人民共和国成立后的社会主义改造等，不少"石库门"成为大杂居。石库门以母亲般的胸怀，为漂泊在外的异乡人遮风挡雨，虽喧闹，但却和谐，生生不息。

早些年"石库门"的家具主要是海派家具。海派家具是18世纪末至19世纪初在中国传统家具的基础上，有选择地吸收了西式家具的品类、功能、风格和装饰，以"中式西做"的方式创造的中西合璧式家具，它和"石库门"一样是海派文化的重要组成部分。在海派家具中出现了大衣柜、五屉柜、床头柜、梳妆台（镜台）、高低屏板床、真皮沙发、玻璃门装饰柜、低矮型茶几等新产品。海派家具为"石库门"居室的生活提供了全新的功能并倡导了时尚的行为方式。海派家具设计的源泉有"现代式""混合式""茄门式""复兴式""法兰西式""花旗式""大英式"等。"法兰西式"即路易十五式，"大英式"即维多利亚式，"茄门式"即德国的日耳曼式，"花旗式"即美国的联邦式。海派家具是西式家具文化的大融汇。

与高低屏板床配套使用的床头柜，被上海人赋予了特

上海石库门屋里厢博物馆的各色家具

有的功能后叫"夜壶箱"。"夜壶"即男性小便用容器，因为"石库门"内无厕所，所以起夜时使用夜壶，并将其放在床头柜内以方便使用。女性则使用红漆马桶，每天早晨五点左右，里弄里的麻石路便会传来粪便车碾过的突突声和"拎了！拎了！……"的呼叫声，"石库门"内的女人们便循声出门将马桶内的污物倒入粪车内，并用自带的清水洗刷干净。马桶和夜壶何尝不是"石库门"和海派家具文化的一个组成部分。这里有一个笑话，据沈嘉禄先生说，在上海某大学教英语的罗伯特先生热衷于收藏中国的古旧家具，在福佑路古玩市场买了一件红漆大木桶放在客厅里，并在上面覆盖一块大玻璃，当作咖啡桌，后来又买了一个异形陶壶放在壁炉架上。但他不了解中国人的生

上海石库门屋内的夜壶（上）和马桶（下）

活习惯，也不知道这个红漆木桶就是马桶，这个陶壶便是夜壶。上海从事水桶、马桶、木盆制造的工厂叫"圆木作场"，专业分工早已有之，抗战后上海有圆木作场1000多家，也可见其在生活中的重要性和使用的普遍性。

20世纪70年代的上海家具专业化生产

专业化生产是中国家具产业大力推行的一种生产方式和管理模式，也是家具产业集聚地的重要规划原则和实施要求。专业化生产是促进技术进步和提高劳动生产效率的有效途径，是克服什么都做，什么都做不精的"大而全""小而全"的企业模式的唯一出路。可是在完全市场经济的背景下，要实现企业间合作和专业化生产仍有诸多难以克服的困难。正如原深圳"华源轩"的总裁黄溪元先生所说，"谁都想当老大"如何实现专业化生产？20世纪70年代上海家具公司的实践却为家具行业专业化生产提供了成功的案例。

20世纪70年代上海家具供需矛盾突出，家具市场出现了日夜通宵排队抢购家具的紧张局面。1972年9月底开始实行凭证登记供应。为了满足市场需求，上海家具公司决定改变家具企业"小而全"的生产方式，开始探索专业化的生产方式，关键是实行一厂一品的专业分工。首先从百人小厂长江木器厂开始试点，专业生产方凳，产品简单，便于分解进行流水线作业，机械化程度达到了75%。半年后，其劳动生产率提高了200%，试点达到了预期的效果。接着又将一厂一品或多厂一品的措施拓展到大衣柜和五屉柜的生产。由解放家具厂、新峰木器厂和前卫木器厂生产大衣柜，由人民木器厂、利民家具厂和耀华木器厂生产五屉柜。专业化生产取得了显著的成效。大衣柜产量由1971年的1.54万件上升到1976年的5.18万件，到1981

上海的老工厂车间场景

年达到了38.93万件。

其他产品也都实现了专业化生产。如上海木器厂专业生产各种木椅，包括当时大批出口的折椅，红星木器厂则专业生产餐台，群众木器厂则专业生产木床，上海樟木箱厂专业生产樟木箱等。当然还有专业生产办公台、沙发和棕棚床的一批企业。只有规模较大或技术较全面的上海家具厂和华东木器厂仍生产成套家具。当时的产品款式变化不大，但各厂之间仍然是按有限的款式和配套的数量组织生产，以便到商店后仍可按不同款式和规格型式进行销售。

上海家具公司组织专业化生产的另一重大举措是将制材、木材干燥和配料的生产工艺集中交由黄河家具厂去完成。公司投资购进了较先进的设备并进行技术改造，使之效率大为提高，而且实现了规模化生产，在木材计划供应的年代，这一举措也简化了其他企业的物流程序，生产成本也大为降低。

20世纪70年代，中国的现代家具产业体系尚未形成，家具五金、涂料和专用设备都十分传统和落后。为了提高专业化生产的质量和效率，上海家具公司开始筹划公司内部的配套产业链，建立了上海家具五金厂和上海家具涂料厂。

20世纪70年代以前，上海的家具五金配件品种十分少而且简陋，一般由小型五金厂提供，如三眼板、五眼板、门铰、木床铰、折椅铰、空心螺丝等小五金，根本不能满足开发板式家具新产品的需要。1970年，上海家具公司决定将其所属的胜利木材厂转产家具五金配件，改名为上海家具五金配件厂。首先开发的是锌合金家具拉手。1975年又与另一配件厂合并，改名为上海家具五金厂，开始了专业研究和生产家具所需要的各类五金配件。1976年获轻工业部资助，并被确定为轻工业部家具五金配件定点

先进的家具制造设备

厂。除了生产多种型号的电镀拉手外，通过两年努力并
参照国外的产品，还开发出了对接式、旋转式、尼龙张
开式、五牙倒刺式、偏心式、直角式等10多个品类的板
式家具连接件。并于1980年获轻工业部科技成果三等奖，
后来又开发出了各种专用弯头式门铰，大大促进了板式家
具的发展。

1966年，上海家具公司所属某蜡烛厂转产家具涂料，
改名为上海家具涂料厂，工厂与上海家具研究室合作成功
研制了一种双组分聚氨酯涂料，用以取代硝基漆。聚氨酯
的研发和应用，不仅简化了传统涂装的工艺，而且大大提
升了涂装的质量和效益。该课题于1968年5月鉴定验收，
故又称为"685涂料"并在全国广泛应用。

自1958年以来，上海的家具企业都充分利用上海机
械零配件易于配套的优势，建立了各自的机修车间和技术

家具小五金件

革新小组，开发了圆锯、带锯、平刨、压刨、木工车床、单轴铣床、开榫机、打眼机、砂光机等常用木工机械。

20世纪70年代以来，又在原基础上自行研发了板式部件联合加工机、榫头加工联合机、装锁联合机、自动打蜡抛光机等板式家具专用设备，也为专业化生产提供了装配。

在改革开放前，上海家具公司凭借上海工业基础雄厚的优势，率先建立了自己的家具涂料厂、家具五金厂，以及普遍存在的家具机修车间，为我国20世纪70年代的家具专业化生产和产业链的建立做出积极的贡献。

上海家具公司在计划经济时期推行专业化生产的成功，是特殊历史条件下的产物。今天要在某些家具集聚地推行仍有很多困难，但在某些大型企业内推行一品一厂或一品牌一厂，并以此实施专业化生产，在未来是可以探索的。

中国家具行会史话

上海家具制造业发展较早，20世纪20～30年代是上海家具业大发展的时期。1924年，上海从事家具业的职工人数已达7万余人。行业中帮派林立，其中"宁波帮""江苏帮""上海帮"等势力较大，他们共同设立公所，如漆业公所、木业公所等。据说木业公所成立前也属于漆业公所，漆业公所可能是中国最早的行业组织。20世纪末成立的"上海市油漆木器业同业公会"明确提出了"联络同业，维持公益，研究商学，以冀同业之发达"的办会宗旨。1937年，中式家具业由原来的"上海市油漆木器业同业公会"改为"上海市中式木器商业同业公会"。而随着家具业的扩张，同年也成立了"上海市西式家具同业公会"。同业公会是为适应家具制造和商业发展而成立的，而同业公会的成立又进一步促进家具工商业的发达与兴旺。

百年宁波帮掠影

同业公会旧貌

同业公会徽章

  中华人民共和国成立后，特别是经过公私合营、合作化运动等所有制改造以后，家具企业变成了国营或集体所有制，并且实行计划经济，即在材料供应、产量、产值等方面实行计划管理。因此，行业自律的同业公会便被行政管理公司所取代。这些公司或隶属于轻工业局，或手工业局，或建工局，都是代表政府对行业实施管理，人员都属于国家公务员性质。这一管理模式一直延续到20世纪90年代。

  20世纪80年代以来，随着中国对内改革对外开放政策的进一步发展，就家具行业而言，一方面是外资、合资企业不断发展壮大，另一方面原有的国营、集体所有制企业受到了市场经济的冲击，而民营家具企业又如雨后春笋般日益壮大，成为市场的主力军。家具产业所有制结构发生了根本变化，原来的管理体制和管理机构也就失去了存在的价值。首先是国家机构改革中撤销了轻工业部而将其并入轻工总会，随后中国家具协会等全国性行业协会，以及省市级的家具协会也相继成立。正如中国家具协会第三届、第四届理事长贾庆文先生在庆祝中国家具协会成立20周年的致辞中所说，1988年，中国家具协会是在国家机构改革的大潮中应运而生的。从此中国家具业又由行政管理体制回归到行业协会管理。

中国家具协会成立大会于1988年6月21～23日在山东济南南郊宾馆召开。出席大会的代表来自29个省市自治区共158名，会议选举陈鼎新为理事长、王福钦为秘书长，成立第一届理事会。胡景初教授和南京林业大学的刘忠传教授，东北林业大学的余松宝教授作为林业院校的代表出席了会议，并被选为理事。家具协会的成立标志着家具业的管理体制和政府行政职能发生了深刻变化，标志着中国家具业由计划经济向市场经济转型迈出了坚实的步伐，象征着中国家具业由传统走向现代，由单一走向多元，是由弱小走向强大的重大转折。

家具协会的成立，在贯彻国家大政方针，制定行业发展规划，开展行业交流合作，倡导新产品开发，实施知识产权保护，促进行业标准化进程，以及引导特色产区建设，促进产业转型升级和可持续发展方面发挥了积极的作用。

在中国家具协会内还成立了一系列的专业委员会，如实木家具专业委员会、传统家具专业委员会、家具设计工作委员会、家具流通专业委员会、家具技术标准化委员会……都是更为专业的组织，并均获民政部批准备案。其

中 国 家 具 协 会
CHINA NATIONAL FURNITURE ASSOCIATION

中国家具协会标识

功能与作用与20世纪20年代的同业公会相比是不可同日而语的。

2002年，全国工商联家具装饰业商会应运而生，它由国内及国际家具、建材、装饰行业的一批最具影响力的知名大企业及致力于行业发展的家居企业发起，于2002年8月13日经全国工商联批准正式成立。

商会的宗旨是服务会员企业并坚持创新，促进行业持续、健康、快速地发展。首任会长是香江集团总裁翟美卿女士，执行会长兼秘书长是张传喜先生，胡景初先生作为高校代表也有幸被选为首届常务理事。

商会成立以来，以龙头企业为核心，以各专业委员会和地方商会为依托，在整合资源、协调关系、促进园区建设和创新商会模式等方面发挥了积极的引导作用。

关于地方家具协会不得不提的是深圳市家具行业协会，它是我国最早成立的家具行业协会，也是最活跃的地方家具协会之一。深圳市家具行业协会成立于1986年11月3日，早于中国家具协会两年。而且通过民主选举产生了首届理事会及常务理事会。首届理事会的理事长是张发能先生。在1988年9月16日的第二届理事会上，选举曾国华先生出任理事长，1998年10月侯克鹏同志被任命为深圳家协秘书长。深圳市家具行业协会的诞生是深圳走在改革前沿首得先机的结果。早在1979年7月，香港鼎盛家具集团董事长吴荣泉先生投资深圳华侨农场，创办了我国首家现代板式家具厂——深圳华盛家具装饰有限公司。1979年9月，中外合资的家乐床垫家私厂诞生。1985年，大豪家具实业公司成立，在国内引领行业发展十余年。当今家具的知名企业如"友联""兴利""长江""伟安""新南天""大富豪""左右""亚历山卓"等均于20世纪80年代落户深圳，都为中国家具业的早期发展做出了特别贡献，为深圳市家具行业协会的成立创造了条件，奠定了基础。

随着国家机构的进一步精简和放权，以及民政部门对社团组织审批门槛的降低，服务型的行业组织必将得到更加健全的发展。家具行业协会也将为企业提供更加专业、更加具体、更为到位的服务。

中国软体家具
发展史话——

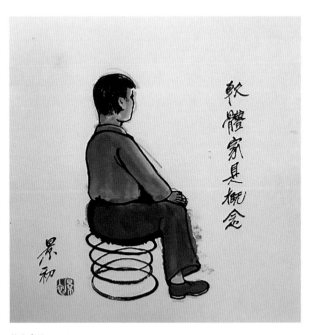

软体家具

上海1843年开埠场景

　　鸦片战争后，随着中国被迫开放以及远洋运输业的发展，从遥远的欧美舶来的体现西方物质文明的日常用品、服饰、餐饮、文化娱乐、交通通信、市政建设、居住方式乃至生活方式等，不同程度地传入中国。对中国社会特别是开埠的通商口岸及其周边地区的传统社会生活带来了巨大的冲击，形成了"西风东渐"的中西文化交融。

　　西方的生活方式首先在租界流行，西方各国的外交官员、传教士、探险者、实业家、商人，以及大量随行的侨民等带来了他们引以为荣的西方物质文明和生活方式。与此同时，随着中国洋务运动的兴起和洋务派实力的增强，中国上层社会也发生了从视洋物为"奇技淫巧"到"仿洋改制"，从"最恶洋货"到"以洋为尚"的变化。

　　沙发等软体家具也正是在这一时期传入中国。1843

英商创办的祥泰木行复原场景

年，上海开埠后，西方家具流传到上海，除了西式木器家具外，包括沙发、软包座椅和弹簧床垫在内的软体家具也开始在上海等开埠口岸流行。

上海最早仿制包括沙发、软椅在内的西方家具的企业有1871年创建的泰昌木器公司，1884年英商创建的祥泰

民国时期上海的大商号

木行，1885年英商创办的福利公司，1888年奉化籍木工个体户毛茂林创办的毛全泰木器店，1905年英商海克斯创办的美艺术木器装饰有限公司。

民国时期，南京路上的"先施""永安""大新""新新"四大商号相继建立，都设有家具部，生产和经销沙发等西方家具。

1932年，美国商人从美国运来全套先进的软床垫生产设备和材料，在沪设立"席梦思"床垫公司，生产弹簧床垫。这是我国最早的床垫品牌，以至今天仍有人认为"席梦思"就是指所有的弹簧床垫。1936年，该公司中国职员张孝行出来自办"安眠思"机器床垫厂，"安眠思"可能是中国最早的民族品牌床垫。

在此期间，沙发等软体家具除了供应洋人购买外，当地的富豪巨商、洋务派官僚以及新派人士都以此为时尚，使得沙发得以流行。由于当时国内不配套，生产软家具的原材料主要靠进口，弹簧来自英法，棕丝来自印度，面料也是从欧美进口。沙发脚用红木、柚木、洋松等实木制

棕棚——上海人的席梦思

成，所以价格昂贵，不是普通市民能够购买的家具。

进入20世纪后，软体家具得到了进一步的发展，涌现了一批沙发生产专业户和个体户。到20～30年代，上海已有专业沙发生产户100多家。他们除了与西式家具企

早期软包家具

上海早期家具销售样式

业配套生产沙发外，还接受规模较大的饭店定制沙发。

抗战期间沙发业萧条，直至抗战胜利后复兴，并成立了"上海沙发业同业公会"。中华人民共和国成立前夕，上海有沙发制造商户200多家。套装沙发一般为两件单人沙发加一件长沙发。风格上有全包沙发和出木沙发之分，出木即扶手为木质并用硝基漆涂装，面料大多为进口真皮。

中华人民共和国成立后，由于过去的达官贵人、资本家等阶层已不存在，在崇尚俭朴的社会风气影响下，大多数人不追求享受，因此沙发、床垫等软体家具便失去了市场，企业纷纷停产，只有极少数被保留下来，为酒店宾馆、机关团体提供沙发、软椅等产品的定制。

改革开放以后，首先在毗邻香港的珠三角掀起了做沙发的热潮。特别是顺德龙江镇、东莞的厚街等地，"洗脚上田"的农民或通过在外资企业打工，或通过解剖沙发，成了传播沙发技艺的主力军，他们东进北上，就地租用工棚，凭简单的机械器具就地生产和销售，使得人们禁锢了几十年的沙发消费热情得以释放。

世纪之交，包括"华达利""迪高乐""拉图兹"等世界知名沙发品牌落户中国，抢占中国市场并利用中国的土地和劳动力优势生产沙发销往全世界。民族品牌"顾家工艺""左右""艺峰""斯帝罗兰""爱依瑞斯"等知名企业其规模、质量、款式和品牌影响力均前所未有，床垫也是如此，在此不一一赘述。回忆往昔，当今中国的软体家具制造业正处于蒸蒸日上的黄金时代。

中国早期的板式家具

我国的板式家具起步于20世纪70年代，发展于80年代，90年代开始在全国范围内流行，并成为国内市场普遍追逐的时尚产品。70年代，上海市家具工业公司（前身上海市竹木用品公司）为了解决家具严重短缺的市场供需矛盾，也是为了通过改变结构而开发新产品，开始了对板式部件的结构创新，用以取代框式榫卯结构，达到节约工时，简化结构，降低成本，提高效益的目的。1979年，随着深圳华盛家具装饰有限公司的成立，以及随后完全现代概念的板式家具的上市，中国才真正拥有了应用现代人造板材、现代板式家具设备和现代板式家具生产工艺生产的真正具有颠覆性的新型板式家具。90年代，在全国范围内掀起了一个引进板式家具成套生产设备和开发板式家具新产品的热潮。仅轻工口所属家具企业就引进了200多

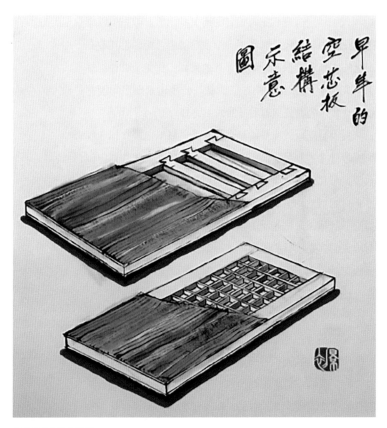

早年的空芯板结构示意图

板式家具空芯板材料

条板式家具生产线，而国有企业中南京木器厂又是引进最早、设备配套最全、生产规模较大的企业之一。南京木器厂总工程师杨文嘉先生有幸经历了这一变革的全过程，并积累了经验，后调入南京林业大学任《室内设计与装修》（D+C）杂志主编，并继续从事板式家具技能的推广应用，经常应邀到全国各地家具行业进行调研和演讲。而市场对板式家具的接受也表现出了前所未有的热情，业内专家也不例外。北京建筑设计研究院的高级建筑师劳智权先生在

80年代编绘过《现代家具设计图册》并出版。劳先生以素面刨花板为材料设计制作了一个多功能组合柜，将其放在自己的工作室，很有时尚感。其效果和广州集美设计组林学明先生于90年代后期在二沙岛办公楼用素面定向刨花板设计装修的办公室有着异曲同工之妙。

关于早期板式家具的概念和定义，最早出现在林业部统编教材《木制品生产工艺》中，南京林业大学的刘忠传教授、东北林业大学的余松宝教授等参编人员曾对此进行过认真的讨论和争辩，最后的核心要义是板件既是柜类产品的围蔽体，又是产品的结构支撑件。这样的定义是基于与传统的框式家具的主要区别而给出的，因为框式家具的镶板结构，其板件只有围蔽作用，而板框则为结构支撑件。这一定义也反映了当时板式家具生产的现状。

20世纪70年代，上海家具企业的板式部件结构是栅栏式，即用等厚的实木板条采用企口榫的方式组成内框，经压床或宽带砂光机进行定厚加工，然后再双面覆以薄形胶合板，最后经实木条封边和砂光即获得一个标准的板式部件。在今天看来，这样的结构和工艺简直是豆腐花了肉价钱，可是在家具用刨花板和中密度纤维板尚未在国内人造板行业问世的时候，家具企业没有胆量直接用刨花板或中密度纤维板生产家具部件，所以这种精准而复杂的栅栏式板式部件的生产是不得已而为之。

20世纪80年代末至90年代初，当板式家具流行之时，一些小企业为了降低成本、简化工艺，开发出了各种用料和结构不同的空芯板式部件。格子板是应用较广的空芯板件填充料，它是用硬质纤维板剖切成板芯厚的板条，再用组合式圆锯加工出一定间距的半切口，然后根据规格要求将开切口的板条卡接成豆腐格式的格式芯架，再放入木框内，双面覆压胶合板并封边，获得空芯板部件。

更简陋的板芯结构是用等厚的实木毛边板取代标准规格的栅栏条，仅保证边框有足够的宽度用于以后加工连接件安装孔和锁孔，板芯部件就无规则铺放了。更可怕的是我国北方的某些小厂竟用剥去玉米粒的棒子在圆锯上切成一定厚度的棋子状物填入木框内压制板式部件。这种做法和当时沙发内塞稻草如出一辙，当然同属造假和伪劣产品之列。

对于一些异形部件，如弧形床头板，或曲线零部件，如弯脚等的表面处理则采用与板式部件纹理和色泽相同的木纹纸进行手工贴纸处理。一批贴纸女工迅速成长，其熟练的技艺简直是巧夺天工，甚至贴一个木球都可以做到不见接缝痕迹。这种技巧正好迎合了当时板式家具企业追求用材百分之百的人造板，取消所有的实木部件车间，而用刨花板覆贴铣型获得腿脚类似实木部件的需要。

早期板式家具的产品设计，主要是卧室和起居室的组合框设计。卧室家具主要以套装的形式出现，主要有床、床头柜、梳妆台、抽屉柜和大衣柜等。大衣柜有单门、双门和三门等规格，也可以根据需要组合使用，基本上满足了当时生活水平的需要。

客厅的柜类主要是组合式，在功能上将电视柜、音响柜、装饰陈设柜，甚至书柜组合在一起。在形式上有单体组合式和部件组合式。单体组合即按标准化和模块化的设计原则，以有限的板件构成不同功能、不同规格的单体，然后按室内空间尺度和功能需求组合出高低起伏、虚实得宜、错落有致的视觉效果。部件组合式即以标准化的板件组合出较大规格的多功能组合柜。部件必须现场组装，具有较高的技术含量，是当今定制家具的前期探索。

深圳是我国改革开放的前沿阵地，"深圳速度"成了时代的最强音，深圳人创造了奇迹，创造了辉煌。深圳的家具业也不例外，在20世纪80～90年代，深圳的家具业从无到有，从小到大，从弱到强，创造了家具业的早期辉煌，并对家具业影响深远，带动了全国家具业的快速发展。

1979年7月，我国首家现代板式家具厂——深圳华盛家具装饰有限公司落户深圳华侨城，这是中国家具业中一家具有划时代意义的标志性家具企业。它带来了前所未有的家具新材料——刨花板和中密度纤维板；带来了前所未见的新结构——32mm系统全拆装五金配件；带来了成套的技术和设备——板式家具生产线；带来了面目崭新的产品——"诗的"和"富尔特"品牌的板式家具。一段时间内，国内同行的参观者蜂拥而至，门庭若市，像一阵春风吹遍了大江南北的家具行业，从而也掀起了一股板式家具热。20世纪80年代，二轻系统的家具企业就引进了200余套板式家具生产线。

深圳建厂最早的家具企业还有1979年9月创建的家乐床具家私厂，其专业生产高档床垫。弹簧床垫虽非新产品，20世纪30年代就有美国的"席梦思"床垫输入上海等开埠城市。但床垫一直作为奢侈品，仅为极少数人士所享用。家乐床垫的大量生产和上市，使开始走向富裕的普通群众都拥有了使用软床垫的机会与条件，和当时开始流行的彩电、冰箱一样，快速进入了寻常百姓之家，其社会意义不容小觑。

1982年2月，香港企业家戴家林先生来到深圳观澜镇，创建了当时国内规模最大的红木家具生产企业——友联红木工艺家私厂。"友联·为家"品牌的红木家具至今

刨花板

中密度纤维板

祥利集团兴建的深圳红木家具博物馆

仍然是最有影响力和收藏价值的红木家具，而在当时更是为弘扬传统家具文化和传承红木技艺在业内发挥了积极的示范作用。

1985年11月，在深圳创建的大豪家具实业公司更是创造了深圳家具业的诸多奇迹。在产品研发方面，一套适合单身白领小居室的"暴风一族"多功能组合家具轰动市场，购买者纷至沓来，创造了单品销售的奇迹。当时的总经理陈良先生曾自豪地说，订单不上500套不下生产通知单，可见何等气派。后来又开发了别致豪华的家庭酒吧系列，开创了家庭酒吧家具的系列化和批量化生产。

1997年，大豪家具产品首次出现在米兰国际家具博览会，成为中国走出国门在海外参展的首家企业。同年还成功参展迪拜国际家具展和南非国际家具展。1998年，又成为首家出席俄罗斯国际家具展的中国家具企业，为中国家具走向世界做出了有益的探索。

20世纪90年代中叶，"大豪"在全国家具行业中一直保持着人均创汇第一，人均创利税额第一，人均劳动生产率第一的高效纪录。"大豪"设备一流，工艺先进，油漆车间一尘不染，给同行留下了深刻印象，因此于1995年被国务院发展研究中心评定为"中华之最"，并荣获"先进技术企业"称号。遗憾的是由于体制的缺陷和后期投资不当，在21世纪初以破产而告终。

如果将上述几家作为深圳第一代家具企业的话，那么1986～1998年诞生的"兴利""圆方园""长江""伟安""新兰天""艺峰""大富豪""富丽""豪迈""左右""真荣""新富都""亚历山卓"等则属于第二代深圳家具企业。

这一时期，由于政府的支持和1986年成立的由26家企业组成的深圳市家具行业协会的组织和指导，深圳家具进入了快速发展期，家具产品已出现了产品多样化和风格多元化的趋势。板式家具、实木家具、红木家具、软体家具、金属家具均初具规模，并普遍拥有先进的设备和技术，以及规范的管理和素质较高的职业经理人队伍。如果说东莞的家具业是由外资企业唱主角的话，那么深圳的家具业主要是由后来居上的民营企业所组成。这些民营企业的发展虽然有波折，也有的被淘汰，但大多数一直健康发展至今，并日益壮大。"左右"沙发、"长江"家私、"兴利"集团等均已成为行业内的标杆企业。

1980年深圳家具产值仅为429万元；1985年为5671万元；1990年为8430万元。1995年家具企业已发展到400余家，1998年家具总产值已达32亿元，出口额为5亿美元，占全国家具出口总额的四分之一，雄居全国家具业的榜首，但这仅为深圳家具业的早期辉煌。2000年，其家具总产值为140亿元，出口额为8亿美元，至2005年总产值达400亿元，出口额为29.3亿美元。这些新世纪的非凡成就都离不开早期的积累和铺垫，特别是原始资本的积累、技术的成熟和人才的培育，以及职业经理人队伍的形成和壮大，这些是成就深圳家具可持续发展的重要成因。

漫话家、家庭与家具

从词义上说，"家"和"家庭"没有本质的区别，唯一的不同是一个人也可以有他的"家"，那就是他本人和属于他的房子，出租屋也行。而家庭则应包括两人及两人以上的家庭成员。知名学者赵鑫珊先生在他的《建筑是首哲理诗》中认为："家＝屋＋屋的主人"。

屋是生存的必需，是生理的必需，处在最底层。家是生命的必需，是心理的必需，处在最高层。

赵广超先生在《不只中国木建筑》一书中也有相似的表述：一间屋和一个家并不相同，一间屋可以数得出，一个家只能感觉得到。"屋"是泛指在地上搭建，有顶盖、有墙壁的人工结构，而"家"则是一间带有特殊意义的屋。诺贝尔奖得主，英国知名作家威廉·戈登在歌颂母亲的同时也表述了相同的概念："你给她一个房子，她给你

甲骨文中的"家"字
屋内有一头猪

家—甲骨文

书法中的"家"字

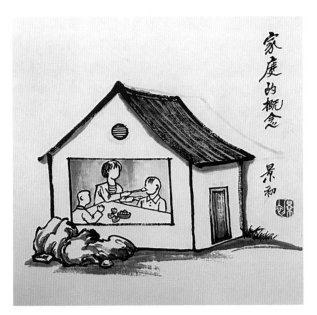

家的场景

一个家。"

在《家：中国人的家居文化》第二卷"家居和家庭"中，贾楠先生也表达了同样的意思。"家"，这个字同时指"房子""家庭"和"家人"。他对"家"字的理解："家"作为一个表意文字，这个字形象地描绘了一头猪（豕）在一个屋顶下的情景。

对绝大多数的中国人来讲，"家"最根本的特征是一群具有某种亲缘关系的人聚在一起"从一个锅里吃饭"。也可以指共同分享收入，比如通过养猪积聚财富。此外，"家"这个字还暗示了所有家庭成员住在同一屋檐下。而且这个字还说明，"家"不仅是个生产单位，比如一起"养猪"，而且还是个消费单位，比如一起"吃猪肉"。

人类之初并没有家庭，家庭的出现、进步与发展和两性关系、居住方式有着密切的关系。从猿到人的过渡时期，禽兽多而人少，为了生存人们必须群居，以弥补自卫能力的不足。所以那时没有任何形式的婚姻与家庭，在两性关系上没有任何形式的限制，是群居而杂婚。后来各种各样的婚姻关系都是从这种原始状态中产生出来的。通过人类对两性关系的限制，便产生了不同时期、不同形式的婚姻与家庭。婚姻是家庭的基础，婚姻形式决定家庭形式。

古人类学家L.H.摩尔根发现了相互联系的五种家庭形式：血缘家庭→普那路亚家庭→对偶家庭→家长制家庭→一夫一妻制家庭。

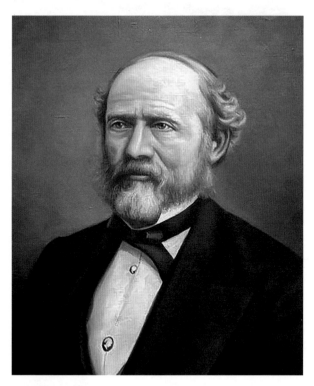

古人类学家L.H.摩尔根

血缘家庭是以兄弟姐妹之间互为集体配偶的婚姻；普那路亚家庭进一步排除了嫡亲兄弟姐妹之间的婚姻；对偶家庭则更进一步排除同姓族内的婚姻，而逐渐导致族外婚流行；原始家长制家庭是在推翻母权制基础上建立起来的父权制的家庭；一夫一妻制家庭则一直延续至今，是最完美和进步的家庭。

今天，西方庄园式的大家族不复存在，中国巴金先生笔下的四世同堂的《家》几乎也不复存在。当今年轻一代结婚后都追求独立的爱巢，哪怕是"蜗居"也可以。同时，离异的单亲家庭，不要后代的"丁克"家庭也大量存在。因为老人可以帮助带孙子辈，因此三代同居的家庭也普遍存在。

有了家和由不同家庭成员组建的家庭，自然就要有相适应的居住空间，以便满足家居生活的需要。而家居生活的正常展开又离不开相应功能的各类家具的帮助。

一、关于家居生活与家具

《雅典宪章》将人类的生活划分为三部分，即日常生活、劳动与游憩。20世纪60年代，日本学者吉阪隆正先生提出了生活的三种类型：把包括坐、卧、睡眠和小憩的休息，包括吃、喝、哺乳的饮食，包括大小便、洗漱、沐浴的排泄以及繁衍共同划分为第一生活；把包括洗衣、做饭、清扫、育婴在内的家务，包括生产资料生产和消费资料生产的劳务，包括买卖、搬运、储藏在内的交换以及消费共同构成了第二生活；而将包括文学、书画、造型在内的表现，包括艺术、科学在内的创造，包括体育、娱乐、旅游在内的游戏，以及包括哲学、宗教在内的冥思共同构成了第三生活。

现代人生活的卧室

　　在这里，居住空间为人们提供了一个供家庭成员进行三类生活的场所。但人们在居住空间展开正常的生活活动还必须借助家具方能得以完成，或者说家庭成员只有通过家具的使用才能进行各项生活活动。正如赵鑫珊先生所说，家具是人与建筑的一个中介物，人不能直接利用建筑空间，他们需要通过家具将建筑空间消化，转化为家。家具是将建筑空间转化为家的必要条件，因此家具是人和家存在的基本形式之一，没有家具的家，至少是个严重的

残缺。

　　家具与人的三类生活有着密切的关系。在第一生活范围内，人们要坐、躺、休憩就必须有椅凳，要舒适地坐和躺就得有沙发，要睡眠就少不了床；要体面地吃喝就必须有餐室和餐台椅；要排泄、沐浴、洗漱就必须有卫生间和卫浴家具。

　　在第二生活范围内，人们要做饭就得有厨房和灶台，要整理炊具和餐具就得有橱柜和餐具柜；要收纳整理衣物就得有衣柜；要更衣化妆就得有梳妆台；要育婴就得有婴儿房和儿童家具；要做手工就必须有工作台和相应的工具；要在家里办公就得有办公家具及办公设备。

　　在第三生活范围内，人们要学习和写作就得有书房、写字台、书柜等书房家具；要作画就得有画室和画室家具；要旅游就涉及酒店客房家具、公共餐饮家具、休闲酒吧家具等。当然，有些家具超出了家用的范围和家居生活空间。

　　显然特定的家居生活活动必须有相应的家具配合。如果说建筑空间设计对家庭居室的功能做了意向性的规定，但不同的居室功能还得有不同的家具配置才能真正符合其规定。没有床的卧室就说不上是真正的卧室，日式榻榻米和中国古代的席也是简化了的床。没有沙发和茶几的客厅也显然不是真正的客厅。即使是原始形态的家具，比如说古代的席，古人席地而坐，席的长短不一，长的可坐数人，类似长沙发，短的坐一人，类似单人沙发。席在古代就是客厅家具，所以登堂必须脱履，以示礼节。同时席下铺筵，筵同样是席，只是比席长些，席加在筵上供人就坐。席在古代对居室功能同样起到了决定性的作用。

现代人家中的厨房

中式风格的书房

二、关于家具的概念与定义

如果说家具就是"家用"的器具，那么古代的皇宫，中世纪的教堂，当代的办公室、酒店、学校、医院、车站、航空港的家具就大大超出了家用的范围。显然这一定义是不严谨的，仅仅是字义的解释，这种约定俗成的文字解释并不能概括家具的全部含义。

不同的国家和民族由于民族特征、生活习惯和发展过程的差异，对家具有不同的理解。家具的英文furniture，源于法文中的fourniture，是装备、设施的意思。而欧洲其他国家的语种，如德语中的家具是mobel，法语是meubel，西班牙语是mueble，意大利语是mobile等，都源于拉丁语中的形容词mobilis，意思是可移动的。

研究西方家具词义的源头不妨将欧洲中世纪家具的短缺、家具功能的不确定性，以及家居空间的多功能性和搬动的频繁性等历史背景加以联系，这样就不难理解了。

美国宾夕法尼亚大学威托德·黎辛斯基（Witold Rybczynski）教授在他的《金屋、银屋、茅草屋》一书中多处描述了欧洲中世纪这一历史时期的家具特征。

欧洲的中世纪，大多数平民家里几乎没有家具，用品也寥寥无几。即使是城镇的居民也往往将居住与工作两者结合在一起，房屋的主屋是一个店面，如果房主是工匠，主屋就是一个工作区。居住区不是我们想象的由几间房组成，而是通直的一大间，厅堂、烹饪、进餐、娱乐、睡觉都在这里，家具贫乏而简陋。衣箱既用来贮物，也做座椅之用；较不富裕的家庭还把箱子当成床，箱内的衣物则作为软床垫。长椅、凳与可拆卸的台架是当时常见的家具，甚至床也可以拆卸。直至中世纪末才有了大床，床同时也是坐具。中世纪的家庭中成员众多，除了亲人外，还有员工、仆役、学徒、友人、被保护人等，成员达25人以上并不罕见。在中世纪无隐私可言，一间房内通常摆几张床，而且一张床通常有3平方米以上，要睡几个人。维尔大床能让四对夫妇舒适地并排睡在一起，而且彼此不至于相互干扰。西方的家具被解释为装备、设施还是比较贴切的。

中世纪的人们也谈不上真正住在家中，他们只能把家当作栖身之处。权贵之士仍有多处住宅，他们经常旅行或走亲戚。当他们离家外出时就会卷起绣帷，带上衣箱，将小床折叠或拆卸，然后带上这些东西连同随身细软一起上路。拉丁语系中的家具（mobilis）被解释为可移动的物件也就不难理解了。

当时的住宅没有专用的浴室，只有木制大浴盆，像其他家具一样也是可以移动的，可同时供几个人沐浴。洗浴是中世纪的一种社交仪式，通常是婚礼与宴会喜庆活动的一部分，伴随当众洗浴进行的还有谈天、吃喝。为了不过分暴露，就在水中加一些牛奶、香精、花瓣，这样可让水变得浑浊。与其说是浴盆，不如说是一种多功能的设施。

家具贯穿人类生存的时间和空间，它无时不在，无处不在。从先人的一坨泥土、一块石头或一个树桩等最原始的坐具形态，到豪华威严的御座，再到当今高雅舒适的沙发，都充分显现了人类的进化和社会的进步。家具以其独特的多重功能贯穿于社会生活的方方面面，与人们的衣食住行密切相关。随着社会的发展和科学技术的进步以及生活方式的变化，家具也永远处于不停顿的发展变化之中，家具不仅是一类生活器具、工业产品、市场商品、艺术作品，还是一种文化形态与文明的象征。

从商品学的角度定义家具或从直接功能的角度定义家具，家具是人类衣食住行活动中供人们坐、卧、作业或供物品储存和展示的一类器具。当然，人类的衣食住行活动还应包括为生存而展开的室内生产作业和社会交往活动。

从社会学的角度定义家具，家具是维系人类生存和繁衍必不可缺的一类器具与设备。不同的生存状态有不同的家具与之适应。

从建筑学的角度定义家具，家具是建筑环境中人类生存的状态和方式，家具可改进生活方式，提升生活质量。建筑环境包括室内环境和室外环境，因此家具不仅存在于室内，还有户外家具。

人类生活方式的进化与转变促进了家具功能和形态的变化，而家具的存在形态又决定了人们的生活方式与工作方式，这便是广义的家具概念。

浅谈家具文化的丰富多样性

放眼家具世界，文化无处不在，其渗透到每一件家具和家具发展的每一段历史中。家具文化是实用与审美，物质与精神的统一体，是物质文化的主体，是精神文化的载体。同时，家具文化也是技术与艺术的结合，是物化了的文化与艺术，是艺术化了的产品与技术。

材料科学与工艺技术是家具文化的基本成分，没有它们，哲理、流派、风格、诗情、寓意、美感都将无所依附。

但家具文化又不限于材料科学与工艺技术，也不限于技术与艺术，家具的文化意蕴是哲学、生态学、伦理学、美学、历史学、民族学等多种文化的综合。

家具的文化意蕴能在日常生活中引起人们的心灵上的特异感觉，这种感觉便是心灵的教化、精神的愉悦，以及由世事沧桑、历史兴衰所激起的文化感慨。

由家具的空间形象及装饰纹样所传达出来的抽象的观念和情绪，其文化传达的方式在于寓意和象征。造型、色彩、构件、装饰、图案，甚至尺度、数量和布置方式均能寄托不同的寓意，显现丰富的象征。

下面仅就家具文化中一些较为典型的案例和表现形式予以阐述。

一、家具的礼仪文化

在人类漫长的岁月中，家具以其自身的功能形象忠实地记录了某一历史时期人们的社会生活方式和习俗。

在上古时期，家具品类少之又少，数量也非常有限，因为家具的使用功能主要是作为一种社会礼仪的道具而使用，或者是个人权力和威严的象征，而很少追求功能的合理性和使用的舒适性。

席是我国最早的坐具，在穴居时期我们的先人为了防虫防潮，在潮湿的地面上铺垫树皮、干草或兽皮，这便是席的原始形态。在夏商周时期，上至天子下到庶民，从皇室的政治活动到日常起居生活都离不开席。在周代，席已成为社会地位的象征，在礼乐制度中对席的材质、形制、花饰、边饰以及使用都有严格的规定。

在当时的社会生活中，席地而坐的坐姿也有严格的规定，有经坐、恭坐、肃坐和卑坐之分。所谓恭坐、肃坐和卑坐都是保持经坐的姿态，仅有抬头、平视和俯首的区别。经坐即通常的坐姿，要求屈腿，膝盖着地，臀部坐在双足的后跟上，两手平放于膝前，眼睛平视，卑坐则低头。礼节也规定，箕踞的坐姿是一种违礼的行为。箕踞有两种姿态，一是臀部坐于地上双膝屈起，足底落地；二

古人踞坐的方式1

古人踞坐的方式2

是臀部落地，双足向前伸展，像只簸箕，这都是被禁止的坐姿。为了减轻长时间跪坐的疲劳，在坐姿发展的过程中我们的先人又创造出了"凭几"这种供人跪坐时安体凭倚的家具。据古籍记载和出土文物表明，凭几一般为三足弧形，也有两足的凭几。为了稳定，足下设横木，其高度正好抵于肘下或腰间，放于一侧时用于侧倚，类似于今天椅子的扶手。放于腰间时用于后倚，类似于今天椅子的靠背或填腰。凭几的使用可以减轻臀部和腿足的压力，凭几在春秋战国时期十分流行，在民间则多为长者专用，是一种"孝"文化的载体。在更早的周朝，凭几又称"扆"，是专供天子用的，与斧依（屏风）组合使用，是象征王位的一种陈设，也是权势的象征。

俎是古代祭祀时摆放牲畜和宴饮时切割熟肉用的一种

故宫博物院藏金漆凭几

类似于长桌的家具，有大有小，祭祀用的较大，宴饮时用的较小。俎面为长方形的木板，有的周边围框，四足为平板状或方形柱状，讲究的木俎有油漆和花纹图案。俎的使用与陈设有严格的规定，与严格的等级观念结合在一起，俎载不同牲体以区别贵贱，俎的数量表示尊卑。天子是拥有最高权力地位的人，所用的俎数量最多，每天吃饭要设九俎以显示其地位的高贵。

从古至今，家具都可以成为权力文化的象征。交椅的原型是胡床，最早是供皇帝外出打猎、郊游或其他活动时在室外使用的坐具，只供皇帝就坐，由其他随行人员扛着，他们没有坐的资格，因而交椅慢慢地成了权力的象征。后来逐渐流行至民间，但也一定是年长的或有权力的人才能享用的，仍保留了权力的文化特征。交椅有圆背

汉代的木俎

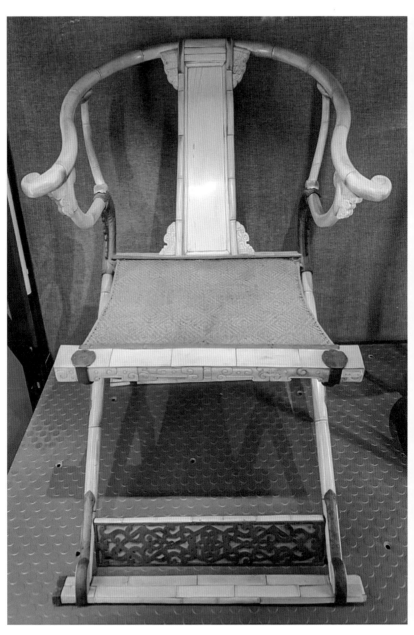

故宫博物院藏象牙交椅

故宫博物院藏雕龙交椅

的、直背的，带扶手的和不带扶手的，带扶手的比不带扶手的更高贵，圆背的比直背的更便于携带，所以便成了最高等级的权力象征。在《水浒传》中，宋江上梁山后，晁盖请宋江坐上了第一把金交椅，意为他成了山寨108位好汉的首领。在现代办公家具中，董事长或总经理坐的是大班椅，大班椅相对于中班椅或文员椅而言更具权威性。

据马未都先生介绍，交椅从宋代开始又叫太师椅，在圆靠背上加了头靠，是专为南宋宰相秦桧设计的，因为秦桧当时还有荣誉虚职叫太师，所以他的这把椅子便叫太师椅。到了清代以后，太师椅的结构和用材发生了很多变化，不能折叠的直背椅也叫太师椅，凡是用珍贵硬木加工的能显示主人身份的都叫太师椅。

专供皇帝坐的宝座更是体现中国古代家具以人文精神为本的设计原则，是尊严第一，舒适性第二的典型。据马未都先生介绍，目前放存于颐和园的国内最大的宝座，长2.95米，高1.85米，深1.4米。皇帝坐在这么巨大的宝座上，四面都是不挨边，无倚无靠，非常不舒服，坐久了更是受罪，但其威严不容置疑。

二、家具的象征文化

在中国传统家具和民俗家具的装饰中应用最多的装饰艺术形式是雕刻装饰，其雕刻装饰的纹样更能直接表达某种文化意义，所谓装饰纹样是对社会生活中千姿百态的事物形象进行艺术处理，注入民族文化观念，使之变成一种具有象征语意的文化符号。在源于自然、源于生活又高于自然和生活的装饰纹样中，动物植物、生活场景、神话传说、民间故事、英雄豪杰等无所不包，无所不用。其象征语意从兴旺齐家到平安吉祥，从忠孝仁义到佛教信仰，从追求完美喜庆到趋吉避凶，都可以通过联想而得以充分表达。比西式家具中装饰纹样所表达的语意要更加丰富和生动。在中国，牡丹的大气和圆润丰满是繁华富贵的象征；牵牛花藤蔓缠绕，延伸长远，是子孙万代不断的象征；松、鹤、龟、桃则象征长寿；葫芦、石榴、葡萄象征多子；鱼莲同图表达年年有余；梅、兰、竹象征清廉高洁，喜鹊立于梅梢表示喜上眉梢；菊花与黄雀表示举家欢乐，蝙蝠和蟠桃表示福寿双全；柿子或狮子并置表示事事如意……而历史人物故事的雕刻则更加直接地表达某些社

故宫博物院藏多宝挂屏

故宫博物院藏松鹤延年挂屏

故宫博物院藏宝座立屏组合

故宫博物院藏苏式圈椅

故宫博物院藏漆饰香几

会文化意义，使得家具这一物质功能产品具有文化艺术作品的性质。

三、家具的文人精神

以苏式家具为代表的明式家具是一种文人精神和民族审美情操的集中表现。在江南文人生活的追求中，包括家具器物、室内陈设布置所反映的生活格调和生活情趣，一切皆是主人的爱好、品性和审美意识的体现。这种简约、古朴、精致的风格，蕴涵着一种高度智慧的文人意匠和品位高尚的文人气质。苏式家具中的圈椅、玫瑰椅、书桌、画桌、花几、香架等都是经过几代人的提炼而获得的一种人格、心灵的物化。

据米鸿宾先生介绍，明代书画名家董其昌先生，"吴中四才子"中的文徵明、祝允明等大师均亲自参与明式家具的设计与监制，他们均在官帽椅上题词，其文人精神在家具中得以充分显现。

明式家具研究专家濮安国先生介绍，有的家具就是文人亲自参与制作而成的。如文徵明的弟子周公瑕，在他使用的一把紫檀长扶手椅的靠背上就刻下了一首五言绝句："无事此静坐，一日如两日；若活七十年，便是百四十。"而南京博物院收藏的一件万历年间的书桌，其腿部也刻有"材美而坚，工朴而妍，假尔为冯，逸我百年"的四言诗。这一桌一椅都充分表达了当地文人对深居静养、闲情逸致生活方式的期待和追求，是当时文人精神在家具作品中的集中表现。正如米鸿宾先生所说，看着那些传统家具，只要有心，就不难捕捉到它们绵延了许久的灵魂，脱尘、深厚、庄严、高亢，充满柔美与亲和、洁净与秩序、风雅与闲适，历尽繁华而不衰的绚丽文人底色。

四、家具的生活与时尚文化

民国时期流行的海派家具是中西文化交流融合的产物，是家居时尚文化在上海的典型表达。

海派家具的品类和功能较之民国前的传统家具有了明显的西化，如大衣柜、梳妆台、陈列柜、五屉柜、沙发等新型家具为居室功能的合理划分创造了条件，也为当时家居生活的时尚化提供了新的功能和形式。如大衣柜可以垂直挂西服和旗袍，而不是叠放，这为民国时期流行的服饰收纳提供了方便。带银镜的梳妆台又为追求时尚的女性提供了梳妆的条件和自我欣赏的便利。大衣柜的银镜门则为出门前查看服饰装扮的效果提供了直接、清晰的图像。可以两边上下的屏板床取代了各种样式的架子床，不仅为起居生活提供了方便，也体现了男女平等的时代精神。而沙发部分取代木质传统坐具，则成了上流社会时尚生活的符号。

而在装饰方面，各种西式家具的构件，如柱式构件、旋木构件，以及番莲纹、涡卷纹等西式家具的装饰纹样也在海派家具上广泛应用。

海派家具是在清代传统家具的基础上吸取西式家具的功能要素和形式要素而形成的一种亦中亦西的家具风格。它忠实地记录了这一历史时期西方物质文明对民国社会生活的影响，以及在文化方面所呈现的中西交融的发展趋势，充分体现了国人当时的时尚追求和审美情操。

家具文化除了前面提及的较典型的礼仪文化、象征文化、文人精神、生活与时尚文化外，还有造物层次的文化，就当今而言，哲学和美学层次的生态伦理和生态美学，设计文化中的绿色健康设计，生产方式上的低碳理念

海派家具1

海派家具2

等都是家具文化探讨的新课题和新形势下的表现形式，也进一步证实了家具文化的丰富多样性。

文化永远伴随着人类存在，家具将永远是文化的家具。时代在发展，人类在进步，家具的风格和式样在不断地变化，家具的文化意蕴也在不断地变更和丰富。在新世纪，我们深信饱含中国传统文化的中国家具将在世界家具园地重放异彩。

哲学层面的家具概念与意义

　　家具的哲学概念与意义是在观念层面上进行探讨，如何设计家具是美学问题，如何制造家具是工学问题，为什么要有家具，什么是家具的原点或家具存在的意义是什么，便是哲学问题。它更多考虑的不是现实的、具体的某一件家具，而是探讨我们如何理解和看待家具，以及家具在整个人类生存中的地位与作用。

　　古希腊哲学家柏拉图曾说到床的三个层次：一个是不变的床，即床的本体、原点或理念，也就是"床之所以为床"的床，或者说是神造的床；一个是由木匠制作出来的床，是床的本体的模仿或影子；还有一个是画家或诗人描绘的床，仅仅是"影子的影子"，同本体（真理）隔了三层，故层次最低。

　　"形而上者谓之道，形而下者谓之器"（《周易·系

柏拉图雕像

辞》)。《道德真经广圣义》（卷十一）中也有类似的关于"道"的论述，"道者，无也；形者，有也。有，故有极；无，故长存"。

家具的哲学概念和意义，即家具的"本体"或"原点"的概念与意义，抑或是"道"的概念与意义，是"形而上"的概念与意义。

关于家具的"本体"或"原点"应包括如下几层意思。

① 家具从人的基本生物特性和随着人类产生而形成的社会特性的最基本需求出发，为人类提供憩、睡眠、作业和储物等最原始的基本功能。

② 从原始居民洞穴生活中的一个土堆或平台，一块具有平面的石块，一根切断的树桩，一层铺垫的干草等最

原始的家具形态到人类利用石器和金属工具有意识地制造家具，家具功能随着人类实践能力的提高而不断拓展，家具凝聚了人的观念意识和创造力。

③ 当社会发展到一定阶段，现有家具无法满足人们对家具的进一步需求时，"原点"被突破，从而开始了功能的分化过程，出现了有各种特殊功能或专用功能的家具，如卧房家具、客厅家具、儿童家具、厨房家具、办公家具、酒店家具、教学家具、公共家具等，形成了丰富多样的家具类型。

④ 不同功能的家具满足了不同家居生活的需要，同时也完善和规定了居室的功能。正如知名学者赵鑫珊先生所说："没有家具，人是无法享用和消化建筑空间的。"如

原始石器

日式榻榻米

中国古代的席

果说建筑空间设计对家庭居室功能做了意向性的规定，但不同居室的功能还得依靠不同功能家具的配置才能真正符合其规定。没有床的卧室说不上是真正的卧室，日式榻榻米和中国古代的席是简化了的床，没有沙发和几显然构不成真正的客厅，没有餐台、餐椅的空间显然不是餐厅。

在丰富多彩、琳琅满目的家具世界中如何探求家具的"本体"或"原点"，最好的办法是做减法。如果你是三口之家，拥有一套三室两厅的住宅，从生活的最基本需求出发，可以不要客厅和餐厅；可以不要儿童房，让小孩与父母同居一室；也可以不要书房或工作室，因为这些功能完全可以转入卧室来完成；还可以不要厨房和卫生间，你可以在门外的过道上用一个煤饼炉做饭，还可以使用公共的卫生间。这样你就只剩下卧室了，而且只要配上供坐和进餐的小方桌和椅凳，配上放置衣物的衣柜，配上睡觉的床，你就完全可以生存了。这便是20世纪50～70年代我国城市大众生活中常见的场景。在一室户内的家具具备供人生活最基本的坐、卧、进餐和储物等功能，这便是家具的"本体"和"原点"。

另一种探求"原点"的方法便是回归。有的人放弃城市，放弃繁华，放弃高科技，放弃现代生活方式，回归农舍，回归乡野，回归自然。不要电器，不要手机，不要汽车，而是追求一种自由自在的生活状态和"秋水清无底，萧然静客心"的禅宗境界。在西部高原的华山山麓便聚集了一批来自上海、广州等大城市的富豪、白领和文人，他们在这里享受一种远离尘嚣、自给自足、悠然自得的生活。于是人、住宅、家具、环境又回到了人类进化的原点。但这个原点不是出发时的原点，不是首尾相接，而是一种螺旋式的回归，一种高度自觉的回归，一种心安理得的回归，一种心泰身宁的回归。"无论海角与天涯，大抵心安即是家"。

如果说建筑的原始功能是御寒暑、避风雨和防止野兽侵袭，那么家具对应的原始功能便是供人坐、卧和储物。家具哲学层面的功能意义是人类告别动物生活习性和生存状态的必要手段与条件。正是家具的创造与使用，才使人

船便是渔民的家

与动物拉开了距离，才使人拥有了人的体面与尊严。在当今社会，很难想象没有家具的衣食住行将使人处于一种怎样的尴尬与狼狈的状态。正是基于家具存在的基本意义，完美地诠释了"人类文化地生存，动物本能地生存"这一至理名言。

中国家具文化的海外传播

　　《现代家具设计中的"中国主义"》一书的作者方海先生断言：中国传统家具系统中所蕴含的丰富理念为现代家具主流成就奠定了基石。中国家具为众多的现代座椅系列提供了原型或设计原则……那么中国家具又是如何在海外传播的，这是一个值得探讨的问题。

　　中国家具在海外的传播媒介主要是家具实物和专业著作。自18世纪以来，特别是19世纪初，有无数的来自西方国家的考古学家、探险家、传教士来到中国挖掘调查，从而获取了大量的实物和资料。其中赫赫有名的例如瑞典探险家斯文·赫定（Sven Anders Hedin），英籍考古学家奥雷尔·斯坦因（Aurel Stein），法国学者保罗·伯希和（Paul Pelliot），德国考古学家勒·柯克（Le Coq）等，他们带回的实物、摄影图片，以及研究报告和著作等成就向西方世

《现代家具设计中的"中国主义"》封面

　　界展示了中国古代壮丽的图像。再加上鸦片战争前后，各国列强从中国掠夺的包括家具在内的珍贵文物，均为中国家具文化的海外传播提供了实物样品。

　　而对中国家具抱有浓厚兴趣的艺术家和设计师又在此基础上编写了一批有关中国家具的图集或专著。如英国古典家具设计大师托马斯·奇彭代尔（Thomas Chippendale）于1754年出版了他的 *THE GENTLEMAN AND CABINET MAKER'S DIRECTOR*（《绅士和家具木匠指南》），书中将中国家具作为他设计的三大源泉之一；1757年著名英国建筑师威廉·钱伯斯爵士（Sir William Chambers）出版了他的重要著作ARCHITECTURE & FUMITURE DESIGN IN CHINA（《中国的建筑和家具设计》）；1922年德国的奥迪隆·罗什（Odilon Reche）在巴黎出版了有关中国清代康乾盛世时期宫廷漆家具的图集LES MEUBLES DE LA CHINE（《中国家具》）一书，实物均存放在德国，1926年德国人莫里斯·杜邦在斯图加特又出版了一本类似的书，

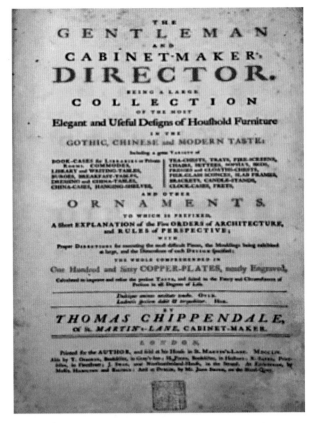

托马斯·奇彭代尔的THE GENTLEMAN AND CABINET MAKER'S DIRECTOR（《绅士和家具木匠指南》）

不过内容更广泛，均为存放于欧洲各大博物馆的中国古典家具，都是19世纪末20世纪初中国故宫博物院流失的藏品；1932年丹麦设计院的奥利·瓦歇尔（Ole Wanscher）出版了他的第一本关于世界家具史的专著 *FURNITURE TYPE*（《家具类型》），他首次给中国家具在世界家具上以明确定位；1944年德国人古斯塔夫·艾克（Gustav Ecke）的 *CHINESE DOMESTIC FURNITURE*（《中国花梨木家具图考》）一书出版，主要介绍中国明式风格的硬木家具，该书后来有中文版在国内发行，因此对国内业界影响更大；1948年还有英国人乔治·凯特斯（George Kates）出版的 *CHINESE HOUSEHOLD FURNITURE*（《中国民间家具》）一书，视角从宫廷转向了民间。以上著作均为中国家具的海外传播发挥了积极的作用，使更多的西方人更进一步了解并接受中国家具，成为中国家具的收藏者，从而又加速了中国古典家具的流失。

20世纪50年代后，中国家具的海外传播仍在继续，并且仍然是以家具实物和专业著作为媒介。特别值得一提

奥迪隆·罗什的 *LES MEUBLES DE LA CHINE*（《中国家具》）

莫里斯·杜邦的 *LES MEUBLES DE LA CHINE*（《中国家具》）

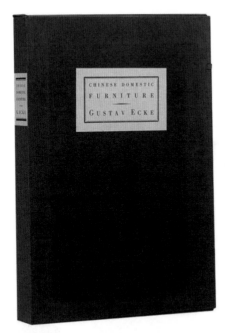

古斯塔夫·艾克的 *CHINESE DOMESTIC FURNITURE*
（《中国花梨木家具图考》）

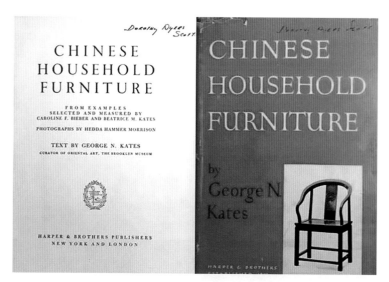

乔治·凯斯特的 *CHINESE HOUSEHOLD FURNITURE*（《中国民间家具》）

　　的是中国实行改革开放以后，在国人一心追求西方时尚家具的同时，西方人却盯上了中国的古旧家具，有的地方博物馆低价从农村收购明式椅、架子床等古旧家具，高价卖给外商赚取差价，成为中国古旧家具流失的帮凶，而尚处贫困中的农民也乐意将旧家具换成现金。正是这一特殊的历史背景造成了中国古旧家具的批量流失和海外传播。并由此掀起了中国古典家具收藏热，淘宝者大量涌现。

　　20世纪50年代以来，西方的专家学者对中国家具的兴趣有增无减。1952年有路易斯·霍利·斯托雷（Louis Hawley Store）的 *The Chair in China*（《中国椅子》）一书出版；1965年C.P.菲兹·杰拉德（C.P.Fitc Gerald）的 *BarBarian Beds：The Origin of the Chair in China*（《胡床：中国椅子的源头》）；1971年有R.H.埃尔斯沃斯（R.H.Ells-worth）的 *Chinese Furniture：Harelwood Example of the*

Ming and Early Qing Dynasties（《中国家具：明及清早期的硬木实例》）出版；1979 年有米歇尔·伯德莱（Michel Beurdeley）的 *Chinese Furniture*（《中国家具》）出版；1979 还有吉莲·瓦尔克林（Gillian Walking）的 *Antique Bamboo Furniture*（《古代竹家具》）出版；1995 年有南希·伯利纳（Nancy Berlinter）和萨拉·汉德勒（Sarah Handler）的 *Friends of the Hous：Furniture from China's Towns and Villages*（《居室之友：中国乡村家具》）出版；1996 年有南希·伯利纳的 *Beyond the Screen Chinese Furni-*

《明式家具萃珍》（图册）

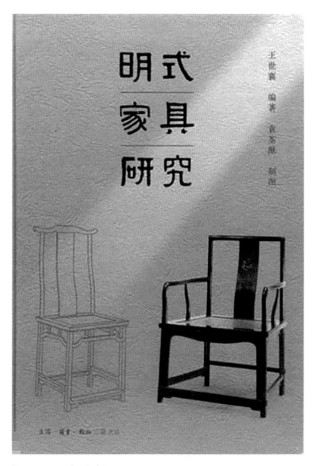

《明式家具研究》（专著）

ture of the 16th and 17th centuries（《屏风之外，16世纪和17世纪的中国家具》）出版。还有不少著作在方海先生的博士论文中提及，在此不逐一赘述。

这一时期除了外国专家学者的研究成果外，中国的专家学者也开始了广泛而深入的研究。特别是知名明式家具研究学者王世襄先生于1985年出版了《明式家具萃珍》

（图册）和《明式家具研究》（专著），这两部著作是总结他几十年研究成果的经典之作。他个人收藏的大部分家具今天都珍藏在上海博物馆。

另一位知名家具研究学者是芬兰阿尔托大学设计学院研究员、博士生导师、广东工业大学特聘教授方海博士，他以更广阔的国际视野和时空范围，以实证主义的哲学方法，依托异常丰富的基础资料，论证了中国传统家具系统中所蕴含的设计原则，在世界现代家具的设计中发挥了重要作用。他的博士论文《现代家具设计中的"中国主义"》中以椅子为例，展示了中国传统家具对现代设计所贡献的诸多原型和原创思维。

王世襄先生专著的英文版在海外产生了巨大影响，方海先生的博士论文直接在欧洲出版发行，其影响也不可低估，他们都是促使中国家具文化在海外传播的领军人物。

如果说鸦片战争带来的开放是一种被动的开放，那么由此带来的中国家具的海外传播也是一种"被传播"，是建立在掠夺基础上的研究和传播。而20世纪50年代以来，特别是改革开放后的开放是一种主动的开放，由此而带来的中国家具在海外的传播也是主动的传播，是建立在中国家具产业快速发展基础之上的，是国人对传统文化的自觉与自信。中国已成为世界最大的家具生产国，最大的家具出口国，也是最大的家具消费国。应使中国家具传遍全球，让中国家具文化在当代设计中发挥更大的导向作用。

法国家居舒适性的早期探索

从中世纪到17世纪，整个欧洲的家居既无私密空间，也没有供水和下水道等卫浴设施，家具极为贫乏，其他用品也寥寥无几。椅子更是毫无舒适性可言，其功能主要为规范社交中的秩序和礼仪。

17世纪下半叶，法国国王路易十四缔造了一个空前统一的法国。到了路易十五时期，法国的海外贸易空前发达，并出现了私人银行——皇家银行，并由国王担保开始发行股票，随着股价的飙升，个人财富大增，出现了一批暴发户。新富们花钱购买新式住宅和家具，激发了从皇室、贵族到市民对舒适家居生活的追求热情。

1670～1765年的法国，从皇室到平民都在追求居室的舒适性与便利性。这一时期的建筑师和工匠都为此做出了积极的探索和突出的贡献。在居室的空间设计和功能完善方面，开始从功能不分的公共空间转向功能区分清晰的私密小空间，并且出现了带排水的家庭浴室和卫生间，以及带通风管道的加热壁炉等。在家具方面出现了带软包的安乐椅、躺椅、沙发等舒适坐具，以及五屉柜、床头桌、梳妆台、各种功能小桌等便利性的家具新产品。

以舒适和便利为设计之本的革命首先发生在凡尔赛宫中。路易十四的夫人即蒙特斯庞侯爵夫人和路易十五的情人庞巴杜侯爵夫人都发挥了积极的作用。

16世纪末期的法国卧室

大特里亚农宫

　　路易十四是位热衷于皇宫建造和追求宏伟奢华的国王，而正是蒙特斯庞这位在皇宫中度过了25年的侯爵夫人，说服国王放弃奢华转而追求舒适和私密，建造了大特里亚农宫，后来便成了国王真正意义上的家，并让他过上了一种更为真实的生活，一种独立于公众视线的私生活。其成为现代卧室的雏形。

　　路易十四驾崩后，他的曾孙路易十五继位，于1726年主政。他的情人庞巴杜侯爵夫人更加支持国王对舒适和简单生活方式的追求，并对私密居室和洛可可风格的室内装饰和家具的形成发挥了积极的引导作用。

大特里亚农宫内部

这一时期的法国建筑师兼教育家雅克·弗朗索瓦·布隆代尔，在他传世不朽的四册巨著 *Architecture en France*（《法国建筑》）中指出，设计房屋的正确方式是将房间分成三类：仪式性房间、正式接待性房间和舒适性房间。舒适性房间主要供男女主人做私人用途。

18世纪初，现代建筑开始在巴黎，尤其是旺多姆广场及其周边地区迅速发展。一个新的社区——圣奥诺雷开始向周边地区开放，其精品住宅大多为金融精英所建造。一种全新的住宅和生活方式开始在巴黎流行。此前，无论是大型皇宫还是小型住宅，宽大是唯一的追求。居室功能不

坐落于巴黎最时髦的圣奥诺雷街的第一家MOYNAT精品店

分，人们可以在任何地方摆一张桌子吃饭，在任何地方摆一个浴盆沐浴，或在温暖的厨房，或在大厅沐浴。

17世纪后期，人们开始追求洗浴和睡觉的独立空间，1690年，"私人生活"（vie privee）这一词组首次被法文词典收录。直至18世纪初新住宅的出现，使私密空间逐步取代了公共空间的主导地位。

1690～1910年，一种革命性的产品——冲水马桶被开发出来并得到迅速推广。这种新设施被安装在独立房间内，接上用黏土或陶土构筑成的排污管道，并在屋顶装有排异味的铅管。冲水马桶的座位还配有沙发一样的软垫和靠背，座面下安装有一个连接储水池的带水龙头的瓷盆。便后拧开水龙头，储水池内的水冲出，便将污物冲入排污管道。1938年，路易十五为自己打造了一个新的卧室，室内增加了一个带冲水马桶的卫生间和更衣室，使得卧室成为私密生活的核心区。

此前，从漫长的中世纪到17世纪末，人们广泛应用的排泄器具一直是可以移动的并放在公共空间的马桶，即便是贵族也不例外。马桶在法文中叫"chaises percees"，或者说是一种座板打孔的椅子，或方形的凳子。在凡尔赛宫也不例外，时常有一些内急的女士在宫内有镀金装饰的走廊上从容地使用放在走廊上的马桶。

家庭浴室是这一时期对舒适性追求的另一发明。大约在1715年，一种新型浴室在巴黎出现。以弧形的镀锡铜盆取代以前的圆形木盆。这样人们便可以半躺在水中享受沐浴的乐趣。巴黎市民开始将沐浴看作是个人清洁的必需品。

从文献记录看，在1738年的建筑指南 *Barwiller en France*（《巴维勒》）中才开始将与浴室有关的基础设施

1793～1804年革命时期的法国浴室和卧室

介绍给建筑师。

　　1768年，有人发明了在浴盆下安装酒精炉用以增加水温，后来又用煤炭取代了酒精，使成本大为降低，为家庭浴室的推广创造了条件。1778年佩里埃兄弟创建了自来水公司，十年后被国家收购并命名为皇家自来水公司，从而为现代浴室和卫生间的发展创造了条件。

　　此前，即使在豪华的欧洲住宅中也没有家庭浴室，大部分的沐浴是在公共浴室里进行的。在那里，不同性别、

不同年龄、不同社会背景的人混杂在一起进行热水浴或蒸汽浴，往往是数人共用一个圆形浴盆，他们坐在浴盆里一面交谈一面享受沐浴的乐趣。

在中世纪晚期，公共浴室也很少使用，因为当时人们怕水，认为水会打开毛孔，会增加疾病的传染率。或许就是因为不沐浴才使欧洲遭受了瘟疫的侵袭。

这一时期提高家居舒适性的又一发明是取暖设备的改进。长期以来，居室取暖主要靠壁炉。传统的壁炉只能局部取暖，而且还要承受因烟道阻塞而带来的烟尘污染。直至1713年，从事律师职业的业余科学家尼古拉斯·高杰完成了他的专著 *La Mecanique Du Feu*（《火的力学》）他通过安装通风管道来对壁炉进行改造。这样可以达到如下目的：其一是通过管道散热可以使整个房间保持均匀的温度；其二是房间内不会有烟尘；其三是可以源源不断地提供新鲜空气；其四是室内温度可控。并通过热源（燃烧炉）同时向几个房间提供热水。但由于安装费用高昂，其推广速度仍十分缓慢。

法国在这一时期对舒适性探索的另一方面则表现在对家具新产品的开发上。在追求"舒适"与"便利"新价值观的指引下，各种新产品层出不穷。居室用家具，特别是坐具，开始从追求礼仪转向追求舒适，由正襟危坐转向随意憩坐。

17世纪70年代，舒适的扶手椅应运而生，为了使靠背可调，设计师安装了铰链，座面则填上了柔软的填充物，这标志着直靠背和硬座板的时代结束了。

17世纪后期，双座或三座的扶手椅被发明出来，扶手和靠背也像座面一样用精美的面料进行包衬，用柔软的填充物进行填充，这便标志着沙发的出现。当然，真正出现现代意义上的沙发是19世纪初金属圈形弹簧被发明出来并被用于垫层结构以后的事情。

1675～1740年，一大批令人眼花缭乱的真正的座椅出现在人们的生活中，无论是扶手椅、安乐椅、沙发，还是坐卧两用的散发着慵懒气息的躺椅，它们的共同特点是都拥有软座面和线条优美的弧形靠背。就安乐椅而言，椅面以马尾毛为填料，以形成坚实的支撑，妇女的座椅由于承受重量较轻，一般以软毛为填料。坐垫中部凸起，以使座

女王式安乐椅（凡尔赛宫）

女王式扶手椅（保罗·盖帝美术馆）

垫中部能承受较大的重量。而前沿较低，可以使大腿舒适伸展。软包通常覆以锦缎、丝绒与绣帷。坐具的舒适性不仅满足了人体生理上的需求，更适应了自由憩坐的生活方式的需求。宽大的安乐椅不是为了让两人同坐，而是为了让人随意而坐，正坐或侧向倚坐，或撑腿而坐。宽大的座面也是为了适应当时宽大服饰的坐姿需要。

在理论研究方面，1941年，尼古拉斯·安德里·德布拉斯赫加出版了世界上首部对人类姿势进行研究的专著 *Orthopedics*（《矫形外科学》）。其研究成果表明舒适的座椅非常重要，带倾角的座椅可以为腰部提供足够的支撑，并减轻人体对坐骨的压力。这应该是20世纪人体工程学

蓬式椅

诞生前的早期探讨。

1667年，由国王的画师查理·勒·布伦主管的专为皇室生产编织挂毯的"高布兰"工厂从郊区迁至巴黎，并开始为皇室生产家具与家饰。勒·布伦也就成为第一个从事新潮家具设计和对产品品质进行监督的建筑师，并开启了一个家具设计的新时代。"高布兰"产品的另一个去向便是城堡，为皇室私人城堡提供家具。其式样很快便在民间普及，并在新贵阶层广为流传。五屉柜便是"高布兰"工厂的设计师们所创造的。

17世纪以前，人们只有一种存放衣物的家具，那就是衣箱。文艺复兴时期，人们把小抽屉装入桌子和其他家具中，由此促进了多功能储物家具——五屉柜的发明。1692年，当4件新制的家具被送到凡尔赛宫时，这一划时代的存衣家具便宣告诞生了。因其使用的便利性，家人的衣物或同一个人不同类型的衣物可以分屉存放。取用衣服也不必像衣箱一样从上到下地翻找，十分方便。当时用"commods"一词表示这类产品，不是专指衣柜，而是泛指"便利家具"。这一产品的问世标志着近代柜类家具进入新时代，传统大衣箱走向终结。当然这类五屉柜仍然是洛可可风格的繁华式样，仍然属于古典家具的范畴，板式结构的五屉柜是20世纪的事情，那才是真正的现代家具。

床头桌也是17世纪后期出现的一种便利性、实用性家具。因为它常放置在卧室的床头边，因此被称为床头桌或床头柜。其最早期的功能是放置烛台和饮料，后来在桌面下设小抽屉，可以放置小件物品。桌下底层常放置夜壶，所以英文中将此家具称之为"night table"，传到上海后，上海人便直呼它"夜壶箱"。

从1747年开始，庞巴杜侯爵夫人更喜欢有消除异味

路易十五时期的五屉柜

功能的桃花心木床头桌。1750年她定购了36张用桃花心木制成的床头桌，1951年送到了她在贝尔维尤城堡的各个卧室中。现在这些家具还被大都会博物馆收藏和展示。床头桌的功能后来也发生了变化，不再放置不雅的夜壶，而是放置午夜吃的点心。对于喜欢夜读的人，台面还装有放置书本的架子。

与床头桌同时出现的还有一种划时代的家具便是梳妆台。18世纪初一种被叫作"table de toilette"的梳妆台被创造出来，其特点是台面中间的部分可以翻起来，后上方装有铰链，反面装有镜子，上翻90度以后便可当梳

路易十五时期的床头柜

梳妆台

妆镜使用。台面下的储存空间设有许多小格子，香粉盒子、面霜、梳子等均可恰到好处地安放其内。虽然后来开发出来的梳妆镜被固定在台面上，其形状也有简有繁，变化无穷，但早期的这种梳妆台一直被沿用到今天的板式家具中。

可以移动的、具备不同功能的、轻便精巧的小桌子是这一时期出现的另一类便利性、实用性家具。虽然固定式大理石台面的大型桌子与写字台仍在皇宫和城堡中使用，但体形较小、供私密或个人专用的小桌子出现后便广为流行。这类桌子包括书桌、游戏桌、盥洗台、咖啡桌等。供女性写信用的书桌更显纤巧华丽，而且轻便实用。

本文从室内附属设施和家具功能的变化，探讨了17世纪末和18世纪法国社会对舒适性的追求和其生活方式的变化。这些变化是欧洲社会从传统生活方式向现代生活方式转型的前期探索和重要表现。

从凳子与裤子看家具与生活

据《道在器中：传统家具与中国文化》一书的作者米鸿宾先生考证，从战国到汉代，人们仍以席地而坐为主，而席、几和低矮型床榻是人们常用的坐卧具，其原因与同时期的服装文化有密切的关系。

当时人们所穿的裤子称为"绔"或"袴"。清代著名学者段玉裁注释："绔，今所谓套裤也"，相当于两腿各套上长筒袜。有钱人用丝织成的绔便叫"纨"，这便是"纨绔子弟"一词的由来。中国古人所穿的裤子是没有裆的，只有两个裤筒套在腿上，上端有绳带系在腰间，其功能之一是方便如厕。

古人为了避免不雅，男女均需在"绔"之外套"裳"，"裳"是裙子的一种，它可以起到装饰和遮羞的作用。

汉代人以跪坐为合乎礼节的坐姿。跪坐又有经坐、恭

跪坐跪坐方式之一
挺直上身
两膝着地

不雅坐姿
踞坐图

传统的"坐"的方式

出土于福州的南宋黄昇墓中的开裆裤

宋代开裆夹裤（金坛周瑀墓）

经坐（秦始皇陵）　　　箕踞坐姿陶俑

坐、肃坐和卑坐之分。经坐是通常的坐相，要求屈腿，膝盖落地，臀部坐在双足的后跟，双手放于膝前，胳膊不要一前一后，脚跟也不能乱动，眼睛向前平视。恭坐则微微低头，能看到尊者的膝盖就行了。肃坐，允许抬头看望，但不能东张西望。卑坐即低头垂肘。而臀部坐在地上，双膝屈起或伸出双足的坐姿叫箕踞，是禁忌的不雅坐姿，因为这种坐姿容易暴露下体，十分不雅。不难看出，服饰决定了古人的坐姿，当然这不是唯一的原因。而坐姿又决定了使用低矮型的坐具，阻碍了高型坐具——椅凳的出现。

　　汉代晚期，五胡乱华，导致连裆裤从西域传入。由于连裆裤便于骑马，因此汉人中骑马打仗的将士首先穿上了连裆的长裤，时名为大袴，后来则逐渐流行到全社会。

　　与此同时，一种叫"胡床"的高型坐具也从西域的马背上传入中原。"胡床"即马扎，是一种可以折叠的高型坐具。李白诗曰"去时无一物，东壁挂胡床"（《寄上

胡床

贵妇裙

法国安乐椅

八仙桌

吴王三首》），说明胡床很轻便，可以挂在墙上。据考证，从东汉开始就有"胡床""胡坐"的记载，但直到唐代，才实现从席地而坐到垂足而坐这一漫长的转型，从此也就有不同形式、不同功能的高型坐具。

无独有偶，欧洲18世纪贵妇人中流行穿一种喇叭形的裙子，其外形类似中国寺庙中挂着的大盘香。裙子内由一组金属线材的圆圈支撑，使其保持张开的形状不变。但给坐椅凳时带来了一定的困难，因此当时便出现了一种宽座的软包扶手椅，叫安乐椅，较好地解决了裙子与座椅的矛盾。

上述案例说明人的着装方式与家具有着某种内在的密切关系。推而广之，人的进餐方式、睡眠方式、起居方式、学习方式、人际交往方式等无不与家具有着密切的关联。

就进餐方式而言，中国古代早期进餐是分餐制，不但分食还分桌，食品放入一种叫食案的餐盘中，一人一案分

西方长桌

别进餐。妻子给丈夫送餐时要将食案举起到眉头的高度，以示尊敬，因而有"举案齐眉"之说。众人宴饮入席时要按尊卑、长幼，即上、下、左、右的礼节对号入席，因为没有餐桌，所以用食案分而食之。高型坐具出现后，与之适应的餐桌也随之产生，围坐八仙桌（方桌）和圆桌进餐便成了中国人进餐的方式与习俗。其礼节仍延续了按尊卑长幼入席的礼仪。西方的日常食物结构远不及中餐复杂，因而适合分餐，而长方形的餐桌又适合分餐的习俗与方式。

就床与人们起居方式的关系而言，明代架子床表现得尤为明显。一是中国古人睡觉等的私密性意识特别强，架子床就像屋中之屋，使人能够安寝。即使是闹洞房，也无法窃窥隐私。二是架子床一面靠墙，人们只能从一边上下。按照礼制，丈夫要睡在外面，妻子要睡里侧。而今天我们广泛使用的高低屏板床就不一样了，它常居中摆设，两边自由上下。西方民主思想早于中国，所以床的设计和

明代黄花梨六柱式架子床（王世襄旧藏）

使用也与人们的生活方式，以及反映这种生活方式的思想观念密切相关。

　　生活方式就是人们在一定的社会条件制约下和价值观念影响下所形成的满足自身生活所需要的活动方式与行为特征。古人有古人的生活方式和价值观，而我们当代人有我们当代的生活方式，如休闲方式、娱乐方式、烹调方式、进餐方式、衣物收纳方式、着装方式、学习方式、工作方式、度假方式等。因此要研究当代人的生活方式、行为方式和价值观，以激发我们的创新思维，开发出与当下生活方式相适应的新家具产品。

晚明文士与私家园林建筑及家具

晚明江南地区的私家园林大多属于"文人园林"，而园林中由文士们所设计的家具也被后人誉为"文人家具"，可见晚明的文士对江南的私家园林建筑以及当时风格逐渐成形的明式家具中的苏式家具都有着尤为重要的影响。由于晚明特殊的社会历史背景，文士的心态及社会地位都发生了巨大变化，而这些变化使文士将价值观及审美情趣寄情于物，具体体现为对私家园林和家具的影响。

一、晚明社会的历史背景

1. 政治腐朽、士风糜溃

晚明政局动荡不堪，统治者腐败专制、消极怠政；群臣之间结党营私、相互攻讦。正如晚明文学家沈德符所评述的："国朝士风之弊，浸淫于正统，而縻溃于成化。"[1]晚明如此腐朽不堪的政局，导致许多官员愤而罢官，或为了保全性命与名节主动辞官隐退。

另由于科举机制的不合理，导致士人的供求出现失衡的现象。及至晚明，大量生员的淤积，致使科举下层形成恶性雍塞的循环[2]，明代思想家顾炎武曾对此有过推算："合计天下之生员，县以三百计，不下于五十万人"。[3]而当时所推行的纳监制度，又使得纳捐买官之风愈盛、监生品质愈滥[4]，士子入仕无望的同时，固有的优越感也逐步遭到蚕食。

2. 经济繁茂、奢靡成风

晚明时期，农业、手工业取得的巨大发展，为商业的繁荣提供了必要的条件。另外由于"海禁"政策逐渐废除，促进了对外贸易的昌盛，也使沿海城市的经济实力大增。从宋、元时期起就一直是全国经济最发达地区的江南，在晚明时期更是达到了空前的盛况。甚至有学者认为，在晚明时期的江南地区已经出现了资本主义经济因素的萌芽[5]。

经济的迅猛发展，使百姓们在满足了生活的基本需要之余，对精神享乐层面的需求也愈发增强，极大地促进了城市文化产品的商品化，最终形成了晚明消费的奢靡之风，这也为文士阶层生活方式的转变提供了平台，大量仕途失意的文士开始寄情于闲适的艺术创作之中。

3. 文化融合、思潮争锋

明中期以后，禅学跟儒、道两种思想体系互相融合。如大儒王阳明便深受禅学的影响，他将禅学的"自性"思想融入儒家的"内圣"之说，重视人的主观精神。随着晚明阳明心学的风靡，更是逐步成为文士阶层所推崇的新儒家哲学。而道家"自然无为"的思想也层层渗透于儒家哲学之中，影响着晚明文士的价值观与审美倾向。"儒道禅"三家相互之间的交流与争锋促进了以注重内省、自然任运为核心的文人精神的形成，大量体现超脱、内省精神的艺术作品才得以呈现在世人面前。

与此同时，对外贸易的繁盛，不但促进了科学的发展，也带来了外来文化的冲击，这也对晚明文士心态的转变起到了推动作用。

二、文士价值观对园林建筑及家具的影响

晚明大量文士醉情于园林与家具陈设的设计营造，他们将价值观融入所参与的设计之中，也使得当时社会上其他阶层的园主及匠人纷纷效仿借鉴，从而无形中引领着晚明的造园风格。

1. 重视人性与自由

泰州学派李贽曾有言："夫私者，人之心也，人必然有私……若无私，则亦无心矣"[6]；晚明阳明心学的盛行更为满足百姓诉求、追求个性需求创造了理论依据，认为这是合乎于人之本性的。另外，晚明的文士也较为推崇庄子的自由思想，文士选择市隐，寄情于山水字画、园林家具，也正是对庄子自由理念的践行。因此，晚明文士重视人性与自由的价值观自然而然地也会体现于园林建筑与家具的设计实践之中。

随着晚明人性化需求与社会活动的增加，造园过程中更加重视人在生活中对建筑的需求，因此建筑数量较晚明

前更多且分布更为密集，一来是考虑到人对建筑功能需求的增多，再者更加密集的配置也为人的日常生活带来许多便利。对人性与自由的重视也促使文士们在设计园林建筑时勇于打破常规、随机应变。如计成在《园冶》中的总结，榭以借助周边景色而见长，应"或水边，或花畔，制亦随态"；建筑中的九架梁"只可相机而用，非拘一者"；建筑窗则"古以菱花为巧，今之柳叶生奇"[7]。

而家具设计中的例子更是不胜枚举，如明式靠背椅上所出现的S形曲线靠背板，无疑是人性化需求得到重视的结果。在这之前的座椅背板都是与座面垂直的平直木板，造型端正，制作容易，缺陷就是不够舒适。而将靠背板设

拙政园

明式家具装饰性构件

拙政园内漏窗

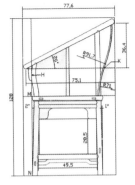

明式家具侧视图

计成曲线形，便于脊椎保持自然弯曲，各椎间盘能分担背部压力，让使用者更加舒适省力。正是受到文士们崇尚人性与自由的价值观的影响，才缔造了此等不拘泥于陈规旧俗、以人为本的优良设计。

2. 中和并存的观念对园林建筑及家具的影响

儒家思想一直秉持着"中"与"和"的价值观，即主观与客观相协调、无过而又无不及，这便要求个人与社会、人与自然之间的和谐统一。"中和"的价值观在晚明文士的身上也得到了充分的体现。

晚明文士渴求山林之间的隐逸之乐，但在晚明这样一个城市发达、经济繁荣、消费奢靡成风的环境之下，要彻底脱离社会而归隐山林终究不易，于是文士们唯有选择在都市造园，寻求"市隐"。居轩冕之中，仍存山林之气息；处林泉之下，亦怀廊庙之经纶。文士们所追求的正是"隐"与"仕"之间的一种中和、平衡的状态，这其实也是高雅文化与世俗文化相融合的结果。晚明文士选择园林生活，其实是选择了一种在理想与现实之间折中的价值观，这种价值观既主导了文士在园林中的生活行为，也是园林建筑及家具等物件的总体设计依据。

人性思想的解放使得晚明文士在参与设计制作私家园林建筑与家具时加入了许多人性化的创新，但与此同时他们并没有完全摒弃传统礼制的规范。例如中国传统的礼制对坐姿仪态有着很高的要求，明式座椅的设计中虽出现了更人性化的曲线靠背造型，但背板与座面的倾斜角度却没有做过多调整，在让使用者保持端庄坐姿的同时，又恰如其分地改善了家具的舒适程度，这便是通过中和的方式在传统礼制与人性需求之间达到了两者的和谐并存。

三、文士审美情趣对园林建筑及家具的影响

明代造园风格，"三分看匠人，七分靠主人"，文士作为设计的主导者，将他们特有的审美情趣融入园林建筑与家具的风格之中，使其除了造型上具有美感，更浸润着一股文人特有的气质。

1. 自然合宜

仕途失意，才华与理想无处施展的江南文士不得不从其他方面寻求解决内心矛盾的方法，因此，山林之间的自然情怀便成了众多晚明文士的精神寄托。园林可以视为文士们寄托自然情怀的物化形态，无论是园林建筑的营造，还是家具陈设的设计制作，都饱含了自然和谐的设计理念。

晚明园林建筑中大面积的开窗及槅扇的使用，是造园手法中的借景方式之一，让建筑内部空间与外部自然环境之间互相连通渗透，大大丰富了空间的变化，随时随地都能体验到如同置身山林一般的自然之趣。在明式家具的设计中亦有着与造园一致的审美主张，即重视家具材料自然属性的保留。例如明代漆饰工艺虽已相当成熟，但明式家具却大都采用烫蜡后加清漆的处理方式，虽然增加了制作难度，却能充分体现木材特有的自然纹理与色泽。

晚明文士认为家具及园林建筑的设计还需注重造型及功能的合宜。《园冶》中便多次提到"合宜"的重要性；文震亨所著的《长物志》中也强调过园林中各要素需"各有所宜"。合宜意味着合适、恰当，园林建筑与家具作为人居住与使用的物，首先要考虑的应该是"宜居"与"宜用"。正如李渔于《闲情偶寄》所述："堂高数仞……壮则

明代漆艺黄花梨香几

壮矣，然宜夏不宜冬"[8]，他认为园林建筑的设计应首先
考虑其适用性，而不是一味追求宏伟高大。再比如明式家
具的造型质朴、简洁，并未刻意饰以繁复的雕花，而是恰
如其分地采用了结构性装饰部件，既起到稳固的作用，又
兼顾了美观效果，从实用及审美的角度体现出设计的得体
合宜。

2. 尚雅忌俗

清秀、文雅乃是古代文士所坚持的审美品格，无论是
道家还是儒家都遵循着尚雅忌俗的文化传统。晚明时期的
江南虽然经济及社会环境特殊，消费奢靡成风，世俗文化
盛行，但文士们仍然希望通过对俗气之流的摒弃，对清雅
品位的推崇，让自己与盲目追求奢华的商贾、市井之流划
清界限。因而这种审美情趣也深刻地影响着与文士有着千
丝万缕关系的晚明江南园林建筑及家具。

文震亨对书柜的设计观念为："小橱有底座者为雅，
四足者差俗……橱殿以空如一架者为雅。"而他对各园林

江南园林建筑

江南家具

建筑的形制则提出："各有所宜，宁古无时，宁朴无巧，宁俭无俗。"[9]可见其以简约古朴为雅，以过分工巧为俗的审美态度。在园林建筑的造型设计方面，计成同样也主张"时遵雅朴，古摘端方"，他也认为园林建筑的部件造型及装饰图案应选用简洁朴素、端庄大方的清雅之式。另外，晚明文士虽极力推崇简洁朴素的风格，却并没有摒弃一切精致巧妙的设计；如计成就用"奇亭巧榭"来概括亭榭的造型设计；说明一些妙而不落俗套的设计也是符合晚明文士尚雅而忌俗的审美情趣的。

四、结语

综观晚明文士对江南园林建筑及家具的影响，无论是价值观在园林建筑及家具中的体现，还是对设计的审美追求，都有其独到的一面。文士们通过与能工巧匠的沟通交流，完美地将文心意匠融入所参与的设计之中，并以著书作画的方式加以记录，深刻地影响着这一时期江南私家园材建筑及家具的风格。

参考文献

[1] 沈德符. 万历野获编［M］. 北京：中华书局，2004.

[2] 巫仁恕. 品味奢华：晚明的消费社会与士大夫［M］. 北京：中华书局，2008.

[3] 顾炎武. 生员论·上［M］. 北京：中华书局，1959.

[4] 谢肇淛. 五杂俎［M］. 上海：上海书店出版社，2001.

[5] 万明. 晚明社会变迁：问题与研究［M］. 北京：商务印书馆，2005.

[6] 李贽. 李贽文集［M］. 北京：社会科学文献出版社，2000.

[7] 陈植. 园冶注释［M］. 北京：中国建筑工业出版社，1988.

[8] 李渔. 闲情偶寄［M］. 北京：中华书局，2007.

[9] 文震亨. 长物志［M］. 北京：中国建筑工业出版社，2010.

晚明文人生活观与伊壁鸠鲁快乐主义

晚明始于万历，终于崇祯。当时社会的城市文化和商品经济处于快速发展的时期，但朝廷处于停滞不前的状态，同时受到阳明心学、庄子、魏晋风度、禅宗思想等影响，文人士大夫们从关注仕途的发展转向了对自我日常生活情趣的追求，奉行着一种类似快乐主义的"贵舒意"生活观。其核心所在是偏向自我的生命价值观取向，以及寻求符合心意欲求的自足感[1]。伊壁鸠鲁生于公元前341年，卒于公元前270年，生活在希腊动荡的时代，这时的人们需要新的哲学来关注人生的苦难和幸福。伊壁鸠鲁不仅继承还进一步发展了亚里斯提卜的享乐主义，并将其与德谟克利特的原子论结合起来。他认为灵魂之乐要远远高于感官快乐，前者才是持久的真正意义上的快乐。快乐是痛苦的消除，能够产生无上的快乐，就是摆脱大灾难。晚明文人和伊壁鸠鲁都处于乱世之中，为摆脱苦难，通过实现精神与肉体上的满足从而获得快乐。本文旨在通过比较晚明文人生活观与伊壁鸠鲁快乐观的异同，并结合当今社会现象，分析两者的当代价值。

一、晚明文人"贵舒意"生活观与伊壁鸠鲁的"灵魂之乐"

所谓"晚明文人"是一个相对宽泛的概念，本文将其概括为：书画文人、官僚士大夫文人、布艺文人、富户商人等。士人在仕途上失意，精神上失去了寄托，另外，他们是饱读诗书之人，于是他们走向了闲情逸致的生活领域，奉行着一种"贵舒意"的生活观。

"贵舒意"源自《世说新语·识鉴》，"张季鹰辟齐王东曹掾，在洛，见秋风起，因思吴中菰菜羹、鲈鱼脍，曰：'人生贵得适意尔，何能羁宦数千里以要名爵！'"产生"贵舒意"思想的渊源有三。其一，道家庄子的思想。在庄子的理想中，人所应达到的境界是"万物相齐"的大美境界，臻于这种境界的人就会因"自由"而获得"逍遥"之至乐。袁宏道在道教方面多有造诣，著有《广庄》七篇，意在推广庄子思想，其特别推崇庄子的"玩世"思想，但自知不能达其境，而后人亦不可复得。其二，魏晋风度。晚明文人借鉴吸收了魏晋士人的率直任诞风格。如袁宏道、谢灵运般游山水之乐；如郑胤骥、刘伶般嗜酒如命；与魏晋不同的是，晚明文人侧重于感官的享受，同时也兼顾精神的追求。这与晚明资本主义萌芽、经济繁荣、民间经济活跃不无关系。其三，佛家的禅宗思想。佛教在明朝中期呈现式微趋势，但晚明以四大师为主的佛教界重整传统佛教资源，使佛教得以复兴。佛教的重整开新，使得文人与僧人的交流频繁，与此同时，文僧也出现大量结社的现象，较为著名的有：读书社、放生社、金粟社等。而在佛教中尤以禅宗的研习最为普遍，很多文人对禅宗都有独到的见解，而任性纵横的禅宗思想也为晚明文人所继承。

晚明文人的快乐方式是多样的，游山水之乐，携友人结社之乐，寄"闲情"于书画之乐等。他们喜爱山水，因此常将居室空间建造在邻近山水的地方，进行琴棋书画等活动时更是喜爱在自然园林中，此类给予平淡生活以乐趣，使心情得以畅快的行为，实际上都是重视精神上的自由，追求高雅文化品位的体现。而具体的山水之游，更是晚明文人生活中不可或缺的部分。文学家袁中道性格豪爽、喜爱交游，遨游吴越山水、纵情湖湘名胜。其自言："人皆有一癖，我癖在冶游。"[2]邹迪光言："余故羸弱，少所济胜，不能游，而独好游……而所过佳山水，未尝不游。"[3]著名的文学家、史学家张岱也曾自言："余少爱嬉游，名山恣探讨。"[4]

由于政治的不得意，一些文人转向自身的书画特长，并借此来追求精神上的洒脱，例如"吴门画派"独步画坛；文徵明、沈周、唐寅、仇英等从诗文到绘画，重视对前代的学习，但更提倡自我表达，抒写真情实感，强调艺术中的自我创新。

明朝初期的饮食尚未存奢靡之风，但是在正德之后，随着物质愈来愈丰富，经济的快速发展，理学的崩溃，社会上产生了奢靡享乐的风潮。人们常常无故宴客，文人士子也开始追求声色之好以享感官之乐，"故修生之士，不可以不美其饮食"。[5]品尝美味的食物对于晚明文人来说是人生最为快乐的事情之一，袁宏道曾说道："目极世间之色，耳极世间之声，身极世间之鲜，口极世间之谭。"[5]

可见士人追求的不仅仅是感官之乐，实质上是以饮食作为媒介寻求精神上的满足。

伊壁鸠鲁将快乐分为动态和静态两种状态，前者指的是欲望的要求和满足，即娱乐和高兴；后者指的是痛苦的消除，如无欲无求的轻松状态。灵魂的幸福和静态的快乐是最高的幸福和最高的善，动态的幸福远远比不上静态的幸福。静态的快乐分为两类，一类是获得自然和必要的物质利益，为保持健康提供最基本的物质保障。因此，世界上的幸福是建立在一个持续的、平衡的、没有任何波动的状态。另一类是灵魂的快乐。要想获得心灵的幸福，就必须有一定的物质保障，而物质利益缺乏保护，将影响人们身体的健康。身体的健康如无法得到保障，如此一来，人们的心灵将不会获得宁静，也不会获得灵魂的快乐。伊壁鸠鲁强调对人的自由意志和对精神生活的重视，结合当时的社会背景，体现了伊壁鸠鲁对生命价值和个人幸福的思考。

伊壁鸠鲁相信那些最不需要奢华的人才是最甜美地享受着奢华；一切自然的东西都是最容易获得的，而一切难以获得的东西都是虚浮的。其认为简单的生活方式是带来宁静的最好方法，它不需要人们忙忙碌碌，也不需要人们去做那些不愉快的工作，更不会强迫人们做力所不及的事情。匮乏会给人们带来痛苦，但如果这种痛苦消失了，那么无论是粗茶淡饭还是锦衣玉食，带给人们的快乐便是相同的。伊壁鸠鲁及他的学员们大都过着清贫的生活，甚至食不果腹，他也因病痛的折磨不能享受美味的食物。因此，他说一个人若是处在饥渴的情况下，只需要简简单单的清水和面包，就能获得最大的快乐。当我们习惯了简单又朴素的生活时，就足够让我们健康且能完成日常生活的必要任务。并且在偶尔遇到一场盛宴时，我们会更加懂得珍惜，如此一来也不再惧怕命运。

"当我们说快乐就是目的的时候，我们指的并非那种荒淫无度的快乐，或沉溺于感官享受的快乐"[6]，在伊壁鸠鲁眼中，人们放肆地狂欢滥饮、沉溺于美色或享受大鱼大肉的生活都不是真正的幸福。幸福生活的目的应该是通过理性推理，赶走那些让我们的灵魂产生纷扰的观念，最后使我们的身体无痛苦、灵魂无纷扰，从而得到最高的快乐。

晚明文人和伊壁鸠鲁都十分重视精神上的快乐和心灵的自由，同时也都不排斥感官快乐。伊壁鸠鲁认为人不应该仅仅满足于肉体与感官上的快乐，肉体与感官的快乐不能恒定持久，当人在满足肉体与感官快乐的欲望之后，新的欲望会驱使人追求更多的肉体与感官的快乐，最终的结果是：人无法满足巨大的肉体和感官快乐的欲望，从而使人产生痛苦。因此人应该远离骄奢淫逸，追求更高层面的快乐，即精神快乐。在伊壁鸠鲁眼中，精神上的快乐才是真正意义上的快乐，肉体感官的快乐都是暂时的。他认为我们所追求的快乐，绝不是直接使我们身体产生愉悦感的快乐，而是指人一生的幸福，是持久的快乐。他说有的人终其一生忙于给自己增加生活用品，却不知道我们每一个人在出生的时候都领受了饮食，足够自身享用的了[6]。由此可知，伊壁鸠鲁提倡最贴近自然的生活方式，但晚明文人所认为的精神快乐则可以感官的快乐作为媒介来获得，不排斥丰富的物质所带来的满足感。

二、晚明文人与伊壁鸠鲁在各自理性途径上的异同——自我本真与理性取舍

明代后期的主流哲学乃王阳明所建立的"心学"，强

调"心即理"，这里的心是内在于主体的一种个体意识，个体意识在心与理的融合、统一过程中得到提升。"心外无物，心外无理，心外无义，心外无善"[7]，关注人内在情感的诉求，注重个体意识的提升。后来王阳明提出的"致良知"也是如此，心与理统一于良知，致良知也即实现"真吾"，是人要达到的自我本真状态。具体的外在表现就是"狂者"，王阳明对狂者赞赏有加："狂者志存古人……一念克即圣人矣。"[8]通过比喻，王阳明高度赞扬了狂者自由独立、勇于担当的品性，"狂者"崇尚真，不加掩盖，是成圣的要素所在。此外，王阳明还强调乐为"心的本体"，"所谓'乐'，尽管指的并不是官能享受、感性快乐或自然欲求，而仍是某种精神满足、道德境界，但不管怎样，它们或较直接或通过超善恶的本体而与感性相连，便日益脱离纯粹的道德律令。"[9]阳明心学启迪了晚明文人的主动精神和自我意识，促成了人们思想的解放，率性任情成为不少晚明文人的价值观念。他的"心学"使不少晚明文人受到了启发，促成了他们的思想解放，从而构成了自由独立、率性自我的价值观。

有明一代，二百七十余年，明朝的士气几乎完全被专制皇权的摧残和打击所摧毁。这种境遇之下，士人们可做出的选择有三种，一是妥协，二是反抗，三是逃避。但他们既不愿放弃信仰，又无力改变现状，因此他们选择了逃避。过去士人们都喜爱读《庄子》，庄子提倡人们独立地与天地精神往来，也提倡在为人处世上不谴责世俗的精神，但同时又不提倡傲慢对待万物的精神，在一定程度上对当时的文人士大夫产生了影响。

明代文人中信奉佛教禅宗者较多，禅宗提倡静心，主张自悟；静坐一室，独自品茶，亦不失情趣，徐渭追寻

"饮茶宜凉台静室，明窗曲几，僧寮道院，松风竹月，晏坐竹吟，清谈把卷"的情趣境地。晚明高濂在其《遵生八笺》中说，他于居室之旁构一斗室，相傍书斋，内设茶具，教一童专主茶役，以供长日清谈，寒夜独坐，更是体现出晚明文人转向独自静饮的内心追求。

伊壁鸠鲁非常重视理性的作用，他认为理性能将一个感觉到的时刻再划分为几个更小的时刻，就像它能把原子划分成几个无法独立存在的"最小部分"一样[6]。从而使我们正确认识宇宙和人生，并且能够消除欲望、死亡以及神所带来的恐惧。若是用理性来衡量幸福的界限，那么不论是在有限的时间里还是无限的时间中，我们所得到的快乐都是等同的。知道好的生活的限度的人，也知道由于匮乏而来的身体痛苦是容易消除的，完满的生活是容易达到的，所以他不需要那些通过苦苦争斗才能获得的东西[6]。

对于快乐的标准，伊壁鸠鲁说最大的快乐不是一个一个瞬间的快乐，而是绵延不断的快乐。换句话说，伊壁鸠鲁认为快乐的大小高下，不在于它是否强烈，而在于它是否持久。如果快乐的大小高下是以持久为标准，而根据我们的经验，最持久的快乐不是任何正面的快感，而是负面的、痛苦的消失。因此，伊壁鸠鲁说，我们所应追求的快乐，是负面的快乐，即痛苦的不存在。因为只有这种快乐才最持久，所有其他正面的快乐相对而言都是短暂的。晚明文人在追求瞬间快乐的同时，也注重追求持久的快乐。

人的欲望是无穷无尽的，选择快乐的方式纷乱复杂，正因如此，我们必须理性看待世界。当我们面临各种需求时，应以理性作为指导，对我们所追求的快乐进行取舍，只追寻内心的知足和灵魂的安宁，就可以得到真正的快乐。理性地将快乐和幸福作为最终目的，将之作为考察意见的检验标准，而不掺杂其他的东西，否则将无法清除身体上的痛苦和灵魂的纷扰。因此，我们需要审慎选择，判断所做的行为是否对自己获得快乐有帮助。

晚明文人和伊壁鸠鲁的理性途径都是建立在感觉论的基础之上，目的都是关注个体精神独立与自由意志。晚明文人受阳明心学、庄子和禅宗思想的影响，走的是一条偏向于避世，遵从内心，摆脱世俗枷锁和各种束缚的道路，从而获得个体的自由和内心的安宁。伊壁鸠鲁同样强调内心的宁静，他认为不是所有快乐都是可取的，所以他提倡用理性的方式对事物和行为做出判断和取舍，在理性的指导下获得快乐而避免痛苦。晚明文人利用自身的物质条件和特长为自己创造当下的快乐，伊壁鸠鲁追求持久的快乐。许多乱世中生活的人感到对未来没有把握，一切计划都属于徒然时，也很容易有"今朝有酒今朝醉"的人生观，原因正是在乱世中一切都在变，一切规则次序都不可靠的缘故[10]。伊壁鸠鲁和晚明文人一样，不肯为渺茫的未来而牺牲现在，不肯做工具的奴隶，不愿无条件地跟从世俗的风俗习惯。一旦减少那么多的包袱与重担，不必要的恐惧与忧虑去掉了，人自然会洒脱自在，自然可以快乐起来。

三、晚明文人与伊壁鸠鲁在道德途径的异同——适宜之道与利己之乐

唐宋以后，文人生活追求高雅，对各类活动环境有许多讲究，一种围绕"人"展开的"适宜"之道、养生之理已被明代文人所欣然接受且发展更深远。晚明文人恰好在讲究"适宜"之道的同时还注重以酒会友，以食联谊，以茶会友，以画会友。文人大量关注琴棋书画之外的学问，

在烹饪、饮酒、品茶等饮食方面多有探索和建树，例如宋代苏轼有《东坡羹颂并引》，明末李渔有《闲情偶寄·颐养部》和《闲情偶寄·饮馔部》、清代袁枚有《随园食单》，都道出养生观念和饮食习惯的合理之处。清初文人褚人获在《坚瓠集》中提倡"人得优游田亩，身心无累，把盏即酣，诚生人之趣，高蹈之雅致也"，将"丰筵礼席"视为"囚饮"；可见文人视大自然为饮酒的最佳环境，既可身心放松，又能感受天人合一的妙境。明代吴彬更是对饮酒环境做出了具体的规定："饮地：花下、竹林、高阁、画舫、幽馆、曲石间、平畴、荷亭。另，春饮宜庭，夏饮宜郊，秋饮宜舟，冬饮宜室，夜饮宜月。饮候：春郊、花时、清秋、新绿、雨霁、积雪、新月、晚凉。"以上种种都体现了晚明文人不仅对生活品质有着极高的要求，也体现了其结交朋友时，对仪式感的重视，人和人之间的交往是在"适宜"的前提下进行的。

此外，晚明文人以品尝美食为由结社，以酒会友，以食联谊，吃会、酒社遍布大江南北。当时的结社还是以文事居多，但不论是诗文性、学术性还是政治性社团，往往寄情于诗酒，或以宴饮为游乐，一醉方休[11]。如唐伯虎每于晚凉之时，必邀知己到桃花坞相饮。明代文学家袁宏道在其《酒令》中道出"醉文人宜妙令无苛酌"的讲究；茶与酒一样，深受文人喜爱，饮酒、品茶亦是文人的日常生活行为，唐代文人喜聚会饮茶，宋代文人好茶肆斗茶，到明清时期，茶肆改茶馆，文人饮茶更加注重雅兴，常常到干净整洁的茶馆饮茶，或隐迹山林，寄情于沧茗；"吴中四杰"中文徵明、唐寅则有多幅茶画流行于世。明代文人对品茶客观环境要求极高，徐渭在《秘集致品》中提到："茶宜精舍，宜云林，宜瓷瓶，宜竹灶，宜幽人佳士，宜衲子仙朋，宜永昼清谈，宜寒宵兀坐，宜松月下，宜花鸟间，宜清流白石，宜绿藓苍苔，宜素手汲泉，宜红妆扫雪，宜船头吹火，宜竹里飘烟。"

伊壁鸠鲁看来，友谊极重要，是人与人之间交际的感情基础，一切友谊本身都值得追求，不过友谊的最初起源确是能带来个人利益[6]。他将友谊或友情看为工具或手段，最后是为了获得快乐。他认为真正的朋友是可以用来寻求帮助的，不应该对这种帮助不抱希望。但是一味地向朋友索取得到的只有照顾而没有感激，不能帮助自己成就大事业；若丝毫不向朋友求助的话，更是会打破自己对未来的期望。

友谊是通过愉快的交流来维持的。在友谊的温炙下，人在生活中可减少恐惧，容易保持心灵的安宁。但友谊的价值也在于达到这些目的，离开这些目的，友谊本身没有意义或价值。但凡智慧所能够提供的、助人终身幸福的事物之中，友谊远超过一切。"在属于幸福生活的内容中，没有什么比友谊更快乐的了。"[12]但伊壁鸠鲁不同意草率交友的人，也不表扬那些回避交友的人，他认为这会有风险。对于那些不能与之做朋友的人，伊壁鸠鲁的劝告是不要得罪他们，否则会结怨而成为仇敌。因为有仇敌便有恐惧，有恐惧便不安宁、不快乐。就伊壁鸠鲁本人来说，他有很多的学生，许多的伊壁鸠鲁主义者都忠实于朋友，一生言行一致，光明磊落，一举一动无不恪尽职守。

晚明文人在"友谊"层面上实现了对伊壁鸠鲁快乐主义的超越。晚明文人的友谊是在快乐中自然而然形成的，是快乐情感的表达途径，或以酒会友，或结社会友，或游山水会友，或以食联谊，或以茶会友，或以画会友。同时，文人的友谊又促进了彼此的快乐，这种友谊观是基于"实然"的人性表达。而伊壁鸠鲁所言的友谊，是为了避免恐惧，保持内心的安定，友谊成为人们避免恐惧的工具，其目的在于获得内心的快乐，这种友谊观是基于"应然"的理性分析。晚明文人自然而然的友谊情感是对伊壁鸠鲁工具化的、非纯粹性的友谊情感的超越，而其内心的精神快乐也更能达到持久恒定。

四、晚明文人与伊壁鸠鲁的当代价值及启示

追求快乐和幸福是人类的本能，但如今社会制度不断完善，物质条件愈发丰富，与人们的幸福感却不成正比。随着物质文化需求的不断提高，人们的生活节奏也不断加快，越来越多的人由于压力过大产生忧郁、恐惧和不安等心理。也有一些人迷失在各种欲望当中，不择手段地追求权力、财富和名声等身外之物，从而忽视道德与信仰。总的来说，我们所处的这个时代，是一个市场化的时代，一个浮躁的时代，一个急功近利的时代。虽然社会文化和时代背景不同，但人类对快乐的本质感受是不变的，痛苦的因素也是具有普遍性的。因此，当代人仍可从晚明文人的生活观和伊壁鸠鲁的快乐主义中，汲取他们在欲望、生活观、友谊与道德等方面的经验与教训，寻找到属于自己的通往快乐的道路。

首先，理性地控制欲望，减少浪费。伊壁鸠鲁认为在所有的欲望中，有的是自然的和必要的，即那些能解除痛苦的欲望；有的是自然的但不是必要的，即能增加快乐的方式却不能解除痛苦；有的既不是自然的也不是必要的，如头戴冠冕，为自己树立雕像[13]。伊壁鸠鲁反对争权夺利，主张远离政治生活。他认为财富和名利都是非自然也是非必要的，都无法解决灵魂的纷扰，更无法带来真正的

幸福和快乐。贪婪会使人迷失方向，而执着于那些虚幻的意见，追求因无限制的欲望而想要得到的东西，并不会让人真正快乐。晚明文人因仕途失意而从权力与个人抱负的欲望中走出，转向对精神满足和自由意志的追求，也是同样的道理。

如今由于欲望过多，大多数人不易满足从而感到痛苦不堪。有些人沉浸在各种物质欲望中，过度享受奢靡的生活，甚至有些人为满足欲望而触犯法律与道德底线。这种永不知足的行为和思想并不能从根本上让人们快乐。因此，当代社会因无法满足欲望而郁郁寡欢的人，应以理智的态度来审视自身。如伊壁鸠鲁所说的那样，以理性的方式去对待快乐，对其进行选择和规避。以简单的方式去生活，去除那些不必要的杂念和身外之物，哪怕只有清水和面包也能获得心灵上持久的快乐。

其次，重树幸福观，享受慢生活。晚明文人的生活可以用"闲"和"雅"两个字来总结。在个人追求上，他们脱离世俗的压力使重心转移至个人的闲情雅致，不再追求虚无的名利。在精神上他们转而寄托于休闲娱乐的领域，借之于对美好事物的鉴赏与把玩，营造了一个雅致又极具情趣的世界。这种生活观是当代人极其缺稀的。伊壁鸠鲁也说过：一个把自己调整到满足于简单的生活所需的贤人，能够更好地明白如何给予而不是索取——他找到了如此巨大的自足之宝藏[6]。所谓的简单生活，一味降低自己的要求，并非完全无欲无求，而是要有一个度，学会从自然中获得所需，创造最自然的幸福感。

在这个瞬息万变的时代，许多人的生活像不停歇的陀螺，每一天都好像打仗一样。人性中最根本、最不可或缺的需求，即精神上的需求却被压抑到几乎看不见。快节奏的生活所带来的身体和精神上的伤害是不可弥补的。当代大多数人拿健康换取所谓的生活品质，背后其实是：熬夜、失眠、垃圾食品等。简单的慢生活能使人放轻松，推崇的是一种健康、环保和自然的生活方式。在精神和心态方面，倡导乐观的生活态度，拒绝焦虑和急躁，有益于当代人的身心健康。

最后，重视友谊与道德。晚明文人喜爱结社，常与友人作伴游玩，排解心中的苦闷，分享生活的乐趣。在道德方面，他们严守自身原则，不愿做阉党或腐败之士，认为友谊能带来的好处比智慧更大，而在整个一生的幸福中，友谊又是智慧能带来的最大的帮助。他们也认为明智甚至比哲学还更为可贵，一切其他的德行都是从理智中派生出来的，德行又与快乐有着密不可分的关系，快乐的生活离不开明智、正义。伊壁鸠鲁与阿里斯底普斯一样，主张快乐是唯一的善，是构成人的福祉的唯一因素[14]。因此他追求快乐的时候也很看重自己的品性，认为品性就像自己的财富一样，不管我们是不是品德优良和受到称赞。对待朋友也一样，将他们的品性视为财富一般。

每个人生下来便具有社会性，人和人交往的过程中不仅能产生友谊，同时也能带来安全感，消除忧虑和孤独，这也是伊壁鸠鲁对友谊大加赞赏的原因之一。晚明文人交友更趋向于志同道合的观念，与朋友一道游乐于山水之间，品茶于园林之中，把酒言欢，这种观念下的友谊更纯粹，使人身心放松，获得精神上的享受。而当代的交友观念中却有许多人以利益为首要前提，迫使自己去融入本不属于自己的圈子，彼此之间始终有着隔阂，无法真正亲近和获得真正的快乐。而在美德方面，他认为谨慎、自制或自控，以及其他人的美德对获得最大快乐的生活是至关重要的，但美德若不是为了追求幸福，其本身是没有什么价值的。

五、结语

晚明文人和伊壁鸠鲁都处在社会动荡的时期，虽在时间和空间上有着巨大的差距，但是他们都在所处的环境中感到了绝望和痛苦。在这种境遇之下，他们借鉴前人的思想，结合实际情况为自己或为他人指明了一条通往快乐的道路。他们对快乐的看法是基本一致的，但是在解决方式上仍有一些区别。

首先，他们都认为精神的快乐高于感官快乐，但相比晚明文人，伊壁鸠鲁更倾向自然简单的生活方式，他认为肉体上的快乐只需满足日常需求，而晚明文人则通过提高感官快乐的质量来提升精神上的满足感。其次，晚明文人受到阳明心学、庄子以及佛教禅宗思想的影响，生活观与伊壁鸠鲁的快乐主义一样，都是建立在感觉论的基础之上，都注重个体精神和自由意志。但晚明文人更注重内心感受和追求，伊壁鸠鲁则重视理性和经验。最后，在获取快乐的道德途径上，他们都选择了友谊。与伊壁鸠鲁不同的是，晚明文人的友谊是基于"实然"的人性表达，而伊壁鸠鲁则把友谊当作快乐的工具，认为获得友谊才能获得最高的快乐。

参考文献

[1] 袁进东. 明式家具体系研究［D］. 长沙：中南林业科技大学，2018.

[2] 袁中道. 珂雪斋集［M］. 上海：上海古籍出版社，1989.

[3] 邹迪光. 郁仪楼集（四库全书存目丛书）［M］. 台南：庄严文化事业有限公司，1997.

［4］张岱，西湖梦寻·卷一·西湖北路［M］．南京：凤凰出版社，2002．

［5］何良俊，四友斋丛说［M］．北京：中华书局，1997．

［6］伊壁鸠鲁，卢克来修．自然与快乐：伊壁鸠鲁的哲学［M］．包利民，译．北京：中国社会科学出版社，2004．

［7］薛明扬．中国传统文化概论［M］．上海：复旦大学出版社，1997．

［8］张岱．陶庵梦忆［M］．上海：上海古籍出版社，1982．

［9］李泽厚．中国古代思想史论［M］．北京：生活·读书·新知三联书店，2008．

［10］陈特．伦理学释论［M］．台北：东大图书股份公司，2014．

［11］赵艳平．晚明士人休闲文化研究［D］．山东师范大学，2011．

［12］伊壁鸠鲁．致美诺寇的信［M］．上海：上海出版社，1957．

［13］第欧根尼·拉尔修．名哲言行录·下册［M］．马永翔等，译．长春：吉林人民出版社，2003．

［14］西塞罗．论至善与至恶［M］．石敏敏，译．北京：中国社会科学出版社，2005．

晚明苏州文人意趣下的家具造物理念

　　苏州自古以来就被认为是人文荟萃之地，历经宋元明三代的朝代更迭、人口迁移、经济衰荣等，出仕与不出仕的读书人仍旧很多。发展至晚明，儒家"学而优则仕"的经世思想并未让大量文人士子在"治国平天下"这条政治仕途中获得更大成功，相反，朝纲废弛和社会危机则让"得君得道"的人生理念遭受到了极大的挫折，进而转向强调个人身心修养、探寻人性天理，专注学问与做人。与前朝有所不同，晚明文人虽无"穷则独善其身，达则兼济天下"这种韬光养晦的大志，但王阳明的"致良知"学说，即诉诸内心，贯彻于行为的倡导却在晚明得到国家承认，亦为大量因科举考试失败，而不得不凭借自身的文化修养及知识能力，转归市井求学问道的文人提供哲学支撑。而商品经济的发展和市民阶层的兴起，也为文人施展才学提供了舞台，他们纷纷依据自己的爱好和趣味选择各种文化形式或艺术实践以寄托人生情怀，或戏剧、或书画、或器物，或是对个人生活空间领域的艺术经营，尤其如园林、建筑、家具等，其形制、结构、装饰与当时的杂剧传奇小说的编撰评点一样，成为晚明文人施展才华的重要领域，他们的人生意趣、审美取向，直接鲜明地反映在与个人生活息息相关的环境与器物中，更有甚者将生活理念、意趣思想记录成书，如计成的《园冶》、文震亨的《长物志》，从文氏家族在苏州的政治、文化地位来看，《长物志》更能客观反映出晚明时期苏州士大夫文人意趣审美的风向，它对明代苏式家具的造物理念有怎样的影响作用正是本文所探寻的。其他江南地区的文人实践理论如李渔的《闲情偶寄》、高濂的《遵生八笺》等对明代苏式家具的形成有一定影响，但作用有多大，仍值得研究。

一、文人"闲赏美学"式设计思路

"晚明时期的文人，喜好以能唤起美感乐趣的事物与心态，来装点悠闲无虑的日常起居生活，或游山玩水、寻花品泉、采石试茗；或焚香对月、洗砚弄墨、鼓琴蓄鹤；或摩挲古玩、摆设书斋、布置园林。"[1]这种围绕日常生活而展开的艺术创作和审美活动几乎成为晚明江南地区文人共同且重要的审美风尚，被明史专家称为"闲赏美学"。唐宋文人士大夫也爱寄情山水、焚香品茶，但审美体验之后的唯一出口则是文学创作，如苏轼坦言："某生平无快意事，惟作文章，意之所到，则笔力曲折无不尽意，自谓世间乐事，无逾此者"[2]。这种以吟诗作文为快事的精神生活方式直至明代以前，一直为文人所推崇，除"文"之外，"吹弹奏唱、滑稽百戏、刻凿制器、艺花养虫、绘画表演，均不入品藻"[3]。而到晚明，悉心经营个人闲适与享乐的空间，使文人将审美的目光转向物质世界，不仅对园林居室、文房器皿等营造器物加以评论，而且也将营造环节和制造的工艺技术当作评论对象，从不同层次进行论道、干预，可以说文人的"论艺"以及左右匠作的设计思想均带有鲜明的主体特色。以苏州为例，文人的"闲赏美学"在亦古亦今之间转换。

其一，以古为贵。尚古之风在中国文化史上是一重要现象，历代文人皆崇尚前代文化，晚明文人亦不例外。通过古物，借以追寻文化记忆，寄托文化理想，正如李渔所言："夫今人之重古物，非重其物，重其年久不坏，见古人所制，与古人所用者，如对古人之足乐也。"[4]借用器物之名，赋予尚古的文化诉求是对文人身份最好的标榜。铜器、玉器、古瓷、古琴皆需古制古色，家具器物亦不例外，晚明史籍《广志绎》中讲道，"姑苏人聪慧好古，亦善仿古法为之……又如斋头清玩，几案床榻，近皆以紫檀花梨为尚，尚古朴，不尚雕镂，即物有雕镂，亦皆商周秦汉之式"。文震亨在其《长物志》中更是极力推荐"床以宋元断纹小漆牀为第一"[5]，对几榻的描述有"今人制作、徒取雕绘文饰，已悦俗眼，而古制荡然，令人慨叹实深"，表达出对古雅之风的强烈追求，对一些不循古制的新近器物则认为"虽曰美观，俱落俗套"。可见文人对家具器物的尚古之风，重在遵循古形，而非古法。

其二，追求时玩。明中期之后，在繁盛的经济条件和发达的手工业条件下，近世或当代器物在数量品种上多于古物，品质及新颖程度上甚至优于古物，进而引起追捧文人趣味的各界世人竞相收购与收藏。文人趣味与理论评价指引着造物设计的时尚方向，家具器物设计思想在文人所尊重的"精工"之能和提倡的"材美"之鉴两方面进行了比前代更极致的发展。例如文震亨论"屏风"：屏风之制最古，以大理石镶下座精细者为贵，次则祁阳石，又次则花蕊石，不得旧者，亦须仿旧式为之，若纸糊及围屏木屏，俱不入品。又如论"台几"：倭人所制，种类大小不一，极古雅精丽，有镀金镶四角者，有嵌金银片者，有暗花者。明代文学家陈继儒也标榜"器用必求精良……吾以为清事之一"[6]。由此可见，文人讲究质地精美的器物，本为清雅之事，作为手工业产品的家具器物，"精工"制作不但不减其美感，反而蕴涵着技术带来的美感，增加其审美价值，是古雅的审美效果。关于"材美"标准，一些纹理细密的木材深受文人青睐，文震亨建议"天然几以文木如花梨、铁梨、香楠等木为之"，凳"以川柏为心，以乌木镶之"，榻"如花楠、紫檀、乌木、花梨，照旧式制成，俱可用"。同时，文人对于山水的喜好之情也希望通过材质纹理的比拟来获得，如文震亨认为大理石"天成山水云烟，如米家山，此为无上佳品"。谷泰在《博物要览》中称花梨木"花纹成山水人物鸟兽"，影木"木理多节，缩蹙成山水、人物、鸟兽、花木之纹"。足见文人在意"材美"的程度。"材美"与"精工"两者相结合产生的正是家具器物的外在形式美，而这一形式美成就了明代苏式家具的优质特征。江南地区新崛起的富裕阶层，更是不遗余力地去追捧文人趣味，范濂的《云间据目抄》就记录自隆万以来，纨绔豪奢对家具器物极其讲究，"凡床橱几棹，皆用花梨、瘿木、乌木、相思木与黄杨木，极其贵巧，动费万钱"[7]。南京博物院藏苏州老字号药店雷允上家中黄花梨夹头榫画案，其足上刻的"材美而坚，工朴而妍，假尔为冯，逸我百年。万历乙未元月充庵叟铭"篆书字样得以证明，文人追求用材与技艺的完美结合，它是用物者怡情逸性，达到身心和谐的凭借。

由此可见，文人的闲赏生活方式不仅提升了文人对物质文化的鉴赏能力，也进一步激发了文人对造物设计的创造能力。美国汉学专家列文森（Joseph R. Levenson）称这一能力为"晚明文人的业余精神"。事实上，这种状态发展至盛期甚至已经超越了"业余"，成为文人精神生活的重点，并进一步左右世人对造物美学标准的认同感，其"闲赏美学"对明式家具的形成起到非常重要的思想基础作用。

二、建立"合宜"之造物标准

唐宋以后，文人生活追求高雅，对各类活动环境有许多讲究，一种围绕"人"展开的"合宜"之道、养生之理已被明代文人所欣然接受且发展更深远。文人不仅关注修炼养生，还充分考虑人与环境、人与自然的共享，使设计活动与设计物在功能与美学之间达到和谐与平衡，从而实现有目的的创造，以达到文人所追求的造物标准。

其一，宜修养。文震亨提倡朴素功能的设计标准，因而简单明了，椅"宜矮不宜高，宜宽不宜狭"，而以高濂的《遵生八笺》为代表，文人设计师站在怡生安寿、祛病延年的角度，规定了座椅的设计标准，如高氏为"颐养"特意规定："曜仙云：默坐凝神运用，须要坐椅宽舒，可以盘足后靠。椅制：后高扣坐，身作荷叶状者为靠脑，前作伏手，上作托颏，亦状莲叶。坐久思倦，前向则以手伏伏手之上，颏托托颏之中。向后则以脑枕靠脑，使筋骨舒畅，血气流行。"[8] 让座椅设计更具人性思考。文震亨在《长物志》中推荐的"脚凳"也有按摩穴位、增生精气的功效，"脚凳一木制滚凳，长二尺阔六寸，高如常式，中分一档，内二空，中车圆木二根，两头留轴转动，以脚踹轴，滚动往来。盖涌泉穴精气所生，以运动为妙"。其文字描绘与明刊本《鲁班经》中记录的搭脚滚凳插画几乎一样，可见文人设计师不仅开始考虑家具或家具部件在养生功能上的意义，并且已经认同工匠理论成果。可见"宜修养"的设计标准，在民间无论文人士大夫或是普通百姓均能获得认同，并得到较长时间的推广。

其二，合环境。苏州文人辈出，画家群起，亲近自然，或作诗或作画，亦是这一文人群体的最大爱好；明中期之后，苏州文人喜出游、好造园，重陈设之风尚尤盛，对天地大环境和居家小环境都赋予了天人合一的道家精神。高濂曾介绍一种"倚床"，高一尺二寸，长六尺五寸，用藤竹编之，勿用板，轻则童子易抬，上置倚圈靠背如镜架，后有撑放活动，以适高低。如醉卧、偃仰观书并花下卧赏，俱妙。高氏不仅对藤床的大小尺寸、用材和结构做了详细描述，更是对其具体使用及适宜功能做了详解，终以适合特定环境判为"妙"。明代苏式家具中多见榻、椅之类座面为"藤屉"的现象，较多研究理论认为苏州之地善制藤工艺，从以上高氏的记载中，可以发现座面用藤竹替代木板，使其易抬，自与文人喜好自然环境脱不开关系。文人对不同的居室空间陈设适宜的家具也颇有讲究，如文震亨所言："近有以柏木琢细如竹者甚精，宜闺阁及小斋中。"又言："古人制几榻，虽长短广狭不齐，置之斋室，必古雅可爱。"由此可见，文人对家具的功能造型、材料选择均以不同环境所需来考虑，着眼细节，依据室内外环境空间的不同，设置不同造型、不同材料的家具，着实讲究。

其三，宜天成。李渔提倡造物"宜自然，不宜雕斫"，要"顺其性"而不"戕其体"，他以"窗棂"为例说："顺其性者必坚，戕其体者易坏。木之为器，凡合笋使就者，皆顺其性以为之者也；雕刻使成者，皆戕其体而为之者也。"又说："事事以雕镂为戒，则人工渐去而天巧自呈矣。"可见，李氏提倡尊重材料天性的设计标准。透过《长物志》，文震亨在对待材料天性问题上有与李渔类似的理论，他认为禅椅以天台藤为之，或得古树根……不露斧斤者为佳。同时，他几乎反对绝大部分木制家具的华丽髹漆，如论"台几"，若红漆狭小三角诸式，俱不可用；论"杌"，古亦有螺钿朱黑漆者，竹杌及绦环诸俗式，不可用；论"交床"，金漆折叠者，俗不堪用；论"架"，二格平头、方木、竹架及朱墨漆者，俱不堪用。可见晚明苏州文人对于家具造物的追求更倾向于尊重和利用材料的天然形状和性质，反对过度雕镂画缋，这在明代苏式家具上有着特别鲜明的特色，即尊重木之本色，尊重材料形态。明代诗人谢榛曾说："自然妙者为上，精工者次之，此着力不着力之分。"即是倡导随性自然之态而为胜过刻意修饰之趣味。如晚明文人认为黄花梨和紫檀木才是家具用材的正宗，通过精心设计制作体现用材的优良属性是优秀家具的标准，在明式家具中，有一种被称作天然木的家具，是利用树木生长过程中形成的"出自天然""屈曲若环若带"的形态，然后"磨弄华泽"稍加人工处理，使之成为具自然形态的桌椅、几案，别具特色，深受当时文人的喜爱，文震亨称赞这类天然生成的家具形制为"制亦奇古"。

三、强调致用的器物功能

文人对家具器物的设计不仅反映在材质、装饰上，还反映在一些巧妙功能性的设计建议上，体现出文人设计者高妙的设计构思。明人屠隆记载过大小两张叠桌，居家出游皆取用方便，实为一种便捷的功能设计："一张高一尺六寸，长三尺二寸，阔二尺四寸，作二面拆脚活法，展则成桌，叠则成匣，以便携带，席地用此抬合，以供酬酢。"[9]文人逐渐将能动改造物质世界的目的转向能否更好地满足人的使用需要，从致用角度强调家具器物的功能性设计比比皆是。江南文人李渔更是推荐"有心思即有智巧"的设计，强调"一事有一事之需，一物备一物之用"[4]的功能准则。如"欲置几案，其中有三小物必不可少：一曰抽替（"替"通"屉"）……则凡卒急所需之物，尽纳其中，非特取之如寄，且若有神物俟乎其中，以听主人之命者。一曰隔板，此予所独置也。冬月围炉，不能不设几席；火气上炎，每致桌面台心为之碎裂，不可不预为计也……一曰桌撒……取其长不逾寸，宽不过指，而一头极薄，一头稍厚者，拾而存之，多多益善，以备挪台撒脚之用"。又如"橱柜"之功能设计思想更是接近现代板式家具中设置的活动隔层方式，解决了合理容量的问题。"造橱立柜，无他智巧，总以多容善纳为贵。尝有制体极大而所容甚少，反不若渺小其形而宽大其腹，有事半功倍之势者。制有善不善也，善制无他，止在多设搁板。橱之大者，不过两层、三层，至四层而止矣。若一层止备一层之用，则物之高者大者容此数件，而低者小者亦止容此数件矣。实其下而虚其上，岂非以上段有用之隙，置之无用之地哉？当于每层之两旁，别钉细木二条，以备架板之用。板勿太宽，或及进身之半，或三分之一，用则活置其上，不则撤而去之……此是一法。至于抽替之设，非但必不可少，且自多多益善。而一替之内，又必分为大小数格，以便分门别类，随所有而藏之……此橱不但宜于医者，凡大家富室，皆当则而效之，至学士文人，更宜取法。能以一层分作数层，一格画为数格，是省取物之劳，以备作文著书之用[4]。文人设计师从生活问题出发，善于思考且考虑周全，对某一类型家具器物的功用与不足分析到位，并提出合理科学、适宜便利的解决方案，其结论和建议无疑是准确的。这也是明代苏式家具中透露出的比前代更具功能性的优点。

从提倡致用功能的角度来看，李渔较之文震亨在设计理念上更为前卫。文震亨的《长物志》是站在遵循古制风雅的审美高度，对家具器物的设计方向做出指导，换言之，站在士大夫文人的立场上，遵循古制是非常符合这一类士商文人的身份要求的，而李渔一类的文人恰恰代表了不出仕的布衣文人，在突破传统、创新向前的道路上做出贡献。无疑，这些贡献对明代苏式家具在民间的持续发展起到了极大的作用。

四、发掘问题，倡导新制

明代中期之后，以苏州为代表的江南地区由于经济富庶、手工业发达，在生活上日渐奢靡，追逐工巧、奢华甚至猎奇一时成为风气。时人置办家具等器物也以奢华名贵为上。李乐《见闻杂记》中记载一少年"制一卧床，费至一千余金"[10]可见好的家具价格不菲；范濂《云间据目抄》中也有记载："细木家伙，如书桌禅椅之类，余少年曾不一见，民间止用银杏金漆方桌。自莫廷韩与顾宋两家公子，用细木数件，亦从吴门购之。隆万以来，虽奴隶快甲之家，皆用细器，而徽之小木匠，争列肆于郡治中，即嫁妆杂器，俱属之类。纨绮豪奢，又以榱木不足贵，凡床橱几桌，皆用花梨、瘿木、乌木、相思木与黄杨木，及其贵巧，动费万钱，亦俗之一靡也。"[7] 可见细木家具从权富之门走入寻常百姓家，时人竞相购买精巧珍贵的家具器物，炫耀奢靡已蔚然成风，然这一风气引起了部分文人对社会价值观的反思和对逾礼越矩行为的质疑与担忧，"吴俗之侈者愈侈，而四方之观赴于吴者，又安能挽而之俭也。盖人情自俭而趋于奢也易，自奢而返之俭也难"[11]，并提出"祛侈靡之习，还朴茂之风"的设想。文人设计师不仅用奢靡造物现象警醒世人，同时对家具的形制、材质、颜色、纹理、装饰、产地等各个方面做出品级优劣判定，甚至提出独到的个人见解。

其一，建立新的社会伦理，以求"忌奢避俗"。范濂、谢肇淛对富人奢靡的造物设计风气充满担忧和否定，李渔更是主张造物设计能使"人人可备、家家可用"[4]，以此实现对社会和民生的关怀，种种伦理道德理想的抒发在"由俭入奢易，由奢入俭难"的丰裕社会面前总显得无力，然而文人设计师将理想转向对造物设计风尚的批判中，以求"忌奢避俗"之道，反而起到对大众循循善诱的功效。李渔游历广东，在市场上见到做工极精、堆砌装饰的"箱笼箧筒"，遂论道："余游粤东，见市廛所列之器，半属花梨、紫檀，制法之佳，可谓穷工极巧，止怪其镶铜裹锡，清浊不伦。"[4] 他认为这些一味追求名贵精致材料的器物，并无高雅的审美追求，以至于制度全无、不伦不类。文震亨在《长物志》中干脆明确指出了诸多家具俗品，如天然几"台面阔厚者，空其中，略雕云头如意之类，不可雕刻龙凤花草诸俗式"，文人书桌"凡狭长混角诸俗式，俱不可用，漆者尤俗"，椅"其折叠单靠、吴江竹椅、专诸禅椅诸俗式，断不可用"，藏书橱"黑漆断纹者为甲品，杂木亦俱可用，但式贵去俗耳"，床"若竹床及飘簷檐、拔步、彩漆、'卍'字、回纹等式俱俗"，屏风"若纸糊及围屏、木屏，俱不入品"，以证文人家具的审美方向，避免误导时风。文震亨站在士大夫文人良好的经济背景角度，向世人传播何为"俗式，俱不可用"之家具器物，真正做到了对文人风尚的宣扬和对部分明式家具形制的影响。

其二，古物新用，推进新功能。文人设计师的批判精神不仅体现在社会价值观方面，对于传承古物形制也提出了合乎时下生活需求的新见解。并非推翻尚古之风，而是古物新用，旨在改良与完善，推出新的功能诉求。文震亨在《长物志》中论"榻"的形制时表达出了对古制的不满："更见元制榻，有长一丈五尺阔二尺余，上无屏者，盖古人连床夜卧，以足抵足，其制亦古，然今却不适用。"[5]李渔的创新意识更强，能透过全面的视角来了解家具器物的优劣，以此做出更胜一筹的创意推荐，"器之坐者有三：曰椅，曰杌，曰凳。三者之制，以时论之，今胜于古，以地论之，北不如南；维扬之木器，姑苏之竹器，可谓甲于古今，冠乎天下矣，予何能赘一词哉！但有二法未备，予特创而补之，一曰暖椅，一曰凉杌。"[4]当然，明代文人设计师的创意思维在今天看来充满时代落后性，但在人性关怀方面则充满智慧，"如太师椅而稍宽，彼止取容臀，而此则周身全纳故也。如睡翁椅而稍直，彼止利于睡，而此则坐卧咸宜，坐多而卧少也。前后置门，两旁实镶以板，臀下足下俱用栅。用栅者，透火气也；用板者，使暖气纤毫不泄也；前后置门者，前进入而后进火也。然欲省事，则后门可以不设，进入之处亦可以进火。此椅之妙，全在安抽替于脚栅之下。只此一物，御尽奇寒，使五官四肢均受其利而弗觉"。出于养生健康的生活目的，文人高濂创新出"二宜床":"式如尝制凉床。少阔一尺，长五寸，方柱四立，覆顶当做成一扇阔板，不令有缝。三面矮屏高一尺二寸，作栏以布漆画梅，或葱粉洒金……夏月内张无漏帐，四通凉风……冬月三面并前两头作木格七扇，糊以布……更以冬帐闭之。帐中悬一钻空葫芦口，上用木车顶盖钻眼，插香入葫芦中，俾香气四出。床内后柱上，钉铜钩二，用挂壁瓶，四时插花，人作花伴，清芬满床，卧之神爽意快，冬夏两可，名曰二宜。"对于"日居其半，夜居其半"的床帐而言，高濂所设计的"二宜床"与李渔对床帐的要求如出一辙，"床令生花""蔽风、隔蚊"，只不过高濂讲究"怡养"，出于健康的目的来创造新器物罢了。关注功能价值而推陈出新，是文人对这个产生"物妖"和"奇技淫巧"的时代的一种极具勇气的反叛，用现代思维来评价晚明文人关于家具器物的创新意识，对明代家具手工业的发展而言是具有积极作用的。

五、结语

综上所述，明代文人特别是生活在晚明的部分文人关于造物设计的社会伦理思想和物化功能思想极具实用性，他们和工匠分别在意匠和技术两个方面的苦心经营中，实现各自的创造价值。文人为工匠提供创意，为世人提供审美标准，工匠迎合文人趣味，传承与创新优良工艺技术，两者在交流合作中建立了良好的互动关系。正如张岱所言："但其良工苦心，亦技艺之能事，至其厚薄深浅，浓淡疏密，适与后世赏鉴家之心力、目力针芥相对，是岂工匠之所能办乎？盖技也而进乎道矣。"[12]可见，文人的理想见地对江南工匠的工艺技术及造型设计还是具有参考价值的。但比较一下苏州地区的午荣《鲁班经》和文震亨

《长物志》中记载的家具器物形制还是出现不少差异，我们以明代雅器琴桌为例，《鲁班经》中记载工匠经验总结下的琴桌式："长二尺三寸，大一尺三寸，高二尺三寸。脚一寸八分大，下梢一寸二分大，厚一寸一分，上下琴脚勒水二寸大，斜斗六分，或大者放长尺寸，与一字桌同。"再如文震亨的《长物志》代表文人设计理念，其中记载琴台："以河南郑州所造郭公砖，上有方胜及象眼花者以作琴台，取其中空发响，然此实宜置盆景及古石；当更置一小几，长过琴一尺，高二尺八寸，阔容三琴者为雅。坐用胡床，两手更便运动；须比他坐稍高，则手不费力。更有紫檀为边，以锡为池，水晶为面者，于台中置水蓄鱼藻，实俗制也。"[5] 两相对比之下，可以得出以下结论。

其一，工匠设计师与文人设计师在理论上的确偏重不同。《鲁班经》中琴桌式记载主要以尺寸为主，具体到腿足收分尺寸；而《长物志》中琴台记载以文人"推雅避俗"的理念为主线，从材质、尺寸、使用方法等方面详细介绍。

其二，实践尺寸与理想尺寸有出入。《鲁班经》中琴桌式尺寸为"长二尺三寸，大一尺三寸，高二尺三寸"，高度上比《鲁班经》中记载其他一般桌类（高二尺五寸）稍显低矮，此琴桌长度与高度相等，按明代官尺标准计算，琴桌桌面长和桌面高度近75厘米、宽近42厘米，桌面尺寸过短，似乎放不下一张古琴（一般在120～140厘米之间）。但大量明代图像中反映出来的均是琴长于桌，到底是不是弹琴所特定家具仍待考。《长物志》中琴台尺寸记载为："长过琴一尺，高二尺八寸，阔容三琴者为雅"，其高度近90厘米，不仅高于《鲁班经》记载的琴台，还高于其他一般桌类，按照现代人身高标准也略显偏高，从抚琴舒适角度考虑，需加高坐具才行。另外琴台长度需"长过琴一尺"，这一长度几乎近150～170厘米，属较大型琴台。《鲁班经》比《长物志》成书较早，是否可以看作是工匠理论更遵循古法形制，而文人的设计理论更趋向"尚雅风，立新制"呢？换而言之，明代工匠理论更贴近明式家具的真实性，文人理论对明式家具的创新与改良起到推波助澜的作用。

总而言之，明代晚期的政治、经济、文化在整个社会生活中发生剧烈变化的同时，以苏州为中心的江南文人的生活意趣也随之变动。他们在艺术创作上强调"穷新极变""独抒性灵"；在学术研究上追求"即物见道""圣人之道，无异于百姓日用"；在日常生活起居设计中则崇尚文心匠意、技艺精熟。这种由"大我"向"小我"的观念转变是一种主体意识的觉醒，促使文人士大夫普遍更加关注与自身日常生活息息相关的事物，构筑起晚明文人独特的设计理念。明代的苏式家具表面上是工匠及工匠理论下的直接产物，但恰恰又是晚明文人意趣使然，崇尚自然又重视人性感受的艺术思想所左右的，文人设计理论中有意识地传承古制、尝试创新功能，最终成就了明代苏式家具风雅精巧、智慧实用的经典风貌。

参考文献

［1］毛文芳. 晚明闲赏美学［M］. 台北：台湾学生书局，2000.

［2］何薳. 春渚纪闻［M］. 北京：中华书局，1983.

［3］龚鹏程. 中国传统社会中的文人阶层［J］. 淡江人文社会学刊，2000（10）.

［4］李渔. 闲情偶寄［M］. 杭州：浙江古籍出版社，1991.

［5］文震亨. 长物志［M］. 北京：金城出版社，2010.

［6］陈继儒. 小窗幽记［M］. 上海：上海古籍出版社，2000.

［7］范濂. 云间据目抄［M］. 江苏：广陵古籍刻印社，1995.

［8］高濂著，王大淳点校. 遵生八笺［M］. 成都：巴蜀书社，1992.

［9］屠隆. 考槃余事［M］. 杭州：浙江人民美术出版社，2011.

［10］李乐. 见闻杂记［M］. 上海：上海古籍出版社，1986.

［11］陈洪谟，张瀚. 松窗梦语［M］. 北京：中华书局，1985.

［12］张岱. 陶庵梦忆［M］. 上海：上海古籍出版社，2001.

明式家具与建筑装折

　　"需要知道艺术的生产地、艺术的制作者、艺术的用途、艺术的功能，以及它对制作者意味着什么，这就是在艺术的文化语境中对其进行研究"，对明式家具与建筑装折的整体形态进行研究，就是对明式家具产生时所处的历史语境进行客观诠释。

　　20世纪以来出现的明式家具大量"挤在以苏州、东山、松江为中心的江南一带"，1512年，告老返乡的朝臣王献臣正式邀请文徵明介入拙政园的造园活动，同时也拉开了在苏州创造有别于皇家园林风格、有独特江南品位的"中国画"式私家园林的帷幕。从正德至崇祯年间，陆续建起的南园、留园、弇山园、艺圃、归园田居（拙政园东部）等大量私家园林如雨后春笋，在大量的造园活动中，园林主人放怀怡情的创想与本土香山帮匠人精湛的水木作

苏州留园屏门

工艺紧密结合，相得益彰，共同创造了中国私家园林的典范。从大处看，叠石山水与大木作形成了园林主体；从小处看，属小木作范畴的装折成就了建造水平的精益求精。"装折"一词源于晚明著名造园艺术家计成所著的《园冶》，亦称装修，包括屏门、户槅、风窗、挂落、罩、天花之类。与建筑内陈设的家具属不同范畴，装折与大木作相依，可看作建筑空间的围合结构，而家具属生活器物，不属于建筑范畴。看似不相干的两者，却因讲究相同的美学思想而协调统一起来，表现在如下两点。

其一，初现轻雕刻重几何装饰的审美观。出于理性的功能需求和客观限制，装折的形象一般要符合功能需要和结构要求。撇开装折或家具在装饰层面的文化意义，单讲构件形式，更多还是来自功能需要的原发性，继而才是艺术加工的创新。苏式家具造型的艺术性也能反映出这一点。中国木结构方式，无论是大木作建筑还是小木作装折，以及细木作家具，都因自身体量关系与木料体量形成反差。聪慧的工匠找到了一条利用木方制作框架结构的方法，木方有大有小，在体量感上，装折与家具相接近。

计成作为晚明造园专家，在《园冶》中对当时流行的柳条式户槅进行了创新，其造型样式竟达40多种，不仅将简约的柳条式户槅通过横条的疏密处理变化出多种造型，同时还在此基础上衍生出人字式、井字式、杂花式、

柳条式户槅

黄花梨拔步床 明代 纳尔逊美术馆展

玉砖街式、八方式的变体，或独立成型或两两结合，创造出可根据实际大小进行变化的样式。在这些丰富的样式中，均以长线条、短线条元素进行变化组合，与来自西方的现代构成主义的方法如出一辙。可以看到晚明时期的设计师充满智慧的美学已经十分接近现代几何美学，讲究简繁之道，简单中求多变。风窗、挂落、罩的多变与户槅的造型手法一致。

同样借鉴了户槅透格样式，在家具中呈现出来的有透格柜或格架的柜门、床榻围子，甚至玫瑰椅的椅背。明代苏式家具在整个中国传统家具体系中属于较简洁的一类，其装饰之道并非厚重繁多的雕饰，而在于功能结构与精简造型的完美结合，仅有的雕饰常出现在牙条牙角、椅榻靠背等部位。其他线材的装饰性是依靠线材断面的变化与变形来完成，继而形成丰富多变的线脚、抹边等。

园林建筑的装折，如屏门、户槅面积较大，造型中会出现束腰板、裙板，多为不通透的板材结构，常以浮雕饰之，但面积较大的户槅、风窗则采用通透变化的几何图形来装饰。可见在晚明苏州的园林建筑内，局部小面积的雕饰和大面积的透格装饰在装折和家具中已建立起类似的造型手法，即轻雕刻重几何变化的审美意识。

其二，追求装饰题材的一致性。主人以物寄志的设计思想不仅存在于整体的园林规划与建筑上，在装折与家具的装饰细节上更寄托了使用者的思想。祈吉和风雅是苏州文人园林的两大主题。建筑的装折和家具的装饰也是体现园林主题的载体，它们都能反映出主人的伦理道德和价值观念。其装饰主题依靠不同的纹样来获得，而纹样在装折处或是家具上往往通过两类形式体现：一类为具象图案，如人物故事、物什场景、祥鸟瑞兽、名贵花木等，均包含其文化含义和象征意义；另一类为抽象化图案，被视为一种创新，其装饰意义大于祈祷意义。了解园林内的装折图案，可以《园冶》图例和大量明刻本为主要研究对象。清代样式翻新，且从简洁向繁杂精巧演变，后世更有明显的晚清海派风格，故先剔除辨认。同理，对目前园林建筑内配置的家具更不能视为研究对象，因时代变更，破坏严重，目前室内装折与家具陈设都可能是重修或从别处迁移而来，已无原物面貌，还需要从大量明刻本中找寻蛛丝马迹。

梅花圆凳

明中叶以后，吴中文人追求"隐逸"文化，在园林里构建自己"居尘而出尘"的安乐土。对传统纹样中追求功名与富贵的文化寄托日渐淡化，转而追求用隐喻的方式来象征或预示自己的生活。在寻求恰当的文人表达方式时，有两类重要的主流方式，即由具象图案演变而来的意象表达和由宗教文化转化而来的抽象表达。前者重在对自然花卉的变形，因为自然花卉相比动物或人物能较容易进行变形，深受文人与工匠们的喜欢，其中柳条式、梅花式、海棠花式、冰裂纹是最常见的。自然花木对于文人园主，不仅是欣赏对象，更是寄托感情、表现理想的移情对象。将自然美和人的境界相联系，用花品比拟人品，是一种优雅的表达方式，常见的有忍冬、海棠、牡丹、葵花、梅花、莲花、石榴、灵芝等。其多以木雕形式出现在板门、窗户、花罩、家具上，或者家具构件的外形直接模拟花卉（海棠轩、梅花凳）。后者在装饰图案中吸收释、道教义，应用谐音、象形、寓意、文字等方法，创造出丰富的图案。宗教符号延展为吉祥图案所表达的寓意大多与人们的现实生活有着密切的关系。如盘长，在佛教原意为"佛说回环贯彻，一切通明"，后有生命或好事绵延不绝的含义。在建筑中应用最为广泛的形式有梅花盘长、四合盘长、万代盘长、套方胜盘长、方胜盘长等，象征绵延贯通。方胜，建筑装饰的主要纹样之一，是将两个菱形互叠而成，象征同心吉祥、克制邪恶。环纹，环有旋转之意，象征好事连连。盘长、方胜、环纹等图案，因其单个造型简约，在进行二方连续、四方连续时，能形成端庄优雅的大面积图案，因而常被运用。

明式家具的使用传统

作为营造工作生活空间的重要基础，家具成为人们维持正常生活、从事生产实践和开展社会活动必不可少的器具设施大类。随着时代的发展，家具不断发展创新，注重个人价值，满足人们消费与使用需求的家具主要集中在哪些种类？这些家具该如何使用？笔者试图通过分析明式家具发源地——苏州地区的家具使用行为，为读者提供借鉴。

一、卧房家具：满足个人私密之需

笔者根据苏州地区传统住宅建筑的特点以及实践考察发现，苏州地区的文人住宅一般是以三合院为单位的建筑院落群，在东西两侧布置厢房，卧房一般是设于厅堂两侧的房间。在规模较大的有两层楼房的住宅中，卧房往往置

王鏊故居大厅

于二楼，但同样也是布置于东西两侧。

以苏州现存的位于陆巷古村落的王鏊故居为例，整体建筑依照轴线布置，其主要居住空间布置于二楼，东西两侧分别是老爷房和少爷房，都是卧房与书房相连。而供内眷生活起居之用的住宅空间主要位于住宅的内厅，即大厅以后的第四进或者第五进，内厅第五进通常居住的是家庭中最小的女性，也称绣楼。

作为休息之处的卧房是住宅空间的根本，晚明苏州地区的文人卧室空间都较小，但室内环境整洁素雅，营造出了文氏所讲的居住氛围，"一涉绚丽，便如闺阁中，非幽人眠云梦月所宜也"。因而围绕就寝功能所设置的家具主要以卧榻为主，《长物志》里还对卧榻和一些相关家具的

《仇画列女传》中卧室场景复原

摆放位置提出了一些建议："面南设卧榻一，榻后别留半室人所不至，以置薰笼、衣架、盥匜、厢奁、书灯之属。榻前仅置一小几，不设一物。小方杌二，小橱一以置香药玩器。"从一些明代刻本中可以看出，架子床未紧靠墙壁，背面留有少许空间；床前桌几是最常见的卧房陈设，可见围绕就寝功能，以床为中心，配置桌几、花几以及衣架，且放置位置较为固定。由此可见，卧室内陈设的家具在讲究功用之外，更讲究空间行气，如同身体行气之道，调节宣泄，才能心志畅爽并且充实。

　　明代的大床如小型建筑，并配有床幔遮掩，可开合，在卧房的大空间中形成了一处小空间，并且不紧靠墙摆放，做到空间内的"气"有聚有散、实时调节。加之明代文人合环境、宜修养的价值观影响，更加强调卧房家具在造型和摆放位置上的行气之道。

二、书斋家具：自我德行修养之用

书房又称"书斋"，作为住宅的一个组成部分，与人类物质文明和精神文明同步发展，为文人乐趣所在，反映了这一时期文人的心态，在文人居室中占有重要位置。晚明苏州文人的书房不仅是日常家居私人空间，更是他们遭遇现实困窘之后，能够让心灵得以释怀、休憩的精神空间。

从苏州地区的建筑布局来看，书房一般位于院落或者天井一隅，也有些与卧室紧密相连或者单独建有独立小

《仇画列女传》的书房

《仇画列女传》中书房复原

院，营造出清净优雅的读书环境。如在王鏊故居的书房布置中，书房位于院落左轴线上，客厅之后的天井一角与天井处的自然景观相融合，环境清静宜人。

然而，位于二楼的老爷书房和少爷书房皆与卧室相连，方便闲暇之余休息，由于对书房中读书写字所需要的光线有要求，书房都位于朝南方向，紧挨天井，以便更好地通风透气，照射阳光。

整体而言，书房空间以营造自然朴实的环境为主，强调空间的通透安静，注重与自然的巧妙结合。从大量晚明刻本插图中可见，书斋内陈设的家具主要有长桌、靠背椅、屏风、书架，而长桌一定是该空间里最常见且主要的，明代园林设计师文震亨称书斋为"小室"，并强调"室内几榻俱不宜多置，但取古制狭边书几一，置于中，上设笔砚、香盒、薰炉之属，俱小而雅"。这与高濂所著的《遵生八笺》中介绍书斋布置极为相似："斋中长桌一……左置榻床一，榻下滚脚凳一，床头小几一……壁间挂古琴一，中置几一……吴兴笋凳六，禅椅一……右列书架一。"

三、室外家具：追求适宜轻便之型

在独特的苏州园林建筑中，亭台楼榭不少。《长物志》中记载，"亭榭不蔽风雨，故不可用佳器，俗者又不可耐，须得旧漆方面粗足古朴自然者置之"，足见精美家具是不便放于容易受到风雨侵蚀的亭榭之内的，"露坐，宜湖石平矮者，散置四旁"，能透露出文人的自然情怀。

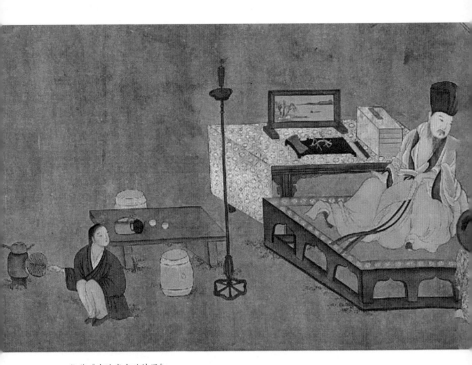

仇英《东坡寒夜赋诗图》

苏州古城介于太湖与长江之间，有依水而不被水祸的地理优势，同时它地处亚热带湿润季风气候区，全年温暖多雨且潮湿。基于这样的地域气候，苏州园林中的亭台楼榭以敞开式和半敞开式为主，室内与室外的分隔多依靠半墙风窗和落地户槅，风窗"或横半，或两截推关"，文氏有记载"敞室"即为房屋的窗户全部拆除，屋前梧桐屋后竹林，不见阳光之处，并建议："列木几极长大者于正中，两旁置长榻无屏者各一……北窗设湘竹榻，置簟于上，可以高卧。"以此打造凉爽境地，附庸风雅的文人可在此消夏纳凉，也可作琴棋书画之用。

　　1512年，告老返乡的朝臣王献臣邀请文徵明介入拙政园

《听阮图》中的室外家具

阎立本《明人十八学士图·棋》

十里桐陰覆紫苔　先
生閒試睡眠來　此生已
謝功名念　清夢應無
到古槐　唐寅畫

唐寅《桐阴清梦图》中的室外家具

的造园活动，同时也拉开了在苏州创造出有别于皇家园林风格，具有独特江南品位的"中国画"式私家园林的帷幕。

从正德至崇祯年间，陆续建有南园、留园、弇山园、艺圃、归园田居（拙政园东部旧称）等大量私家园林，文人士大夫寄情山水、放怀怡情都浓缩在"市隐"的理想中。室外园林成了这一理想的展现平台，文人们独处或是邀客聚会，多在园林一处。自然，与这些功能相匹配的功能性家具应运而生，其特点是轻巧易搬运、简单又稳固，可从明代刻本插图及相关文献记载中窥见一二。

晚明江南画界文人李日华曾写下"绿树阴浓昼日长，纸屏瓦枕竹方床。倦来一觉游仙梦，消得炉中柏子香"的诗句，又在其《味水轩日记》中记载万历四十三年乙卯，正月四日之事，作者回忆少时读书亡友吴伯度园斋中，花香醉卧的情景："伯度性豪饮，又喜以酒醉客，月下花影中，往往有三四醉人躺卧，醒乃散去。余独取屏幛遮围，置床其中，甘寝竟夕。曙色动，始起坐，觉遍体肌肤骨节俱清梅花香气中，不知赵师雄罗浮梦视此何如也。"

诗句与日记中记录了纸屏、围屏、竹方床都为轻便家具，适合搬至室外使用，与明代苏州地区刻本插画描绘极为接近，根据刻本插画显示，围屏在与榻或桌案组合时，多以两折三屏式为多，以田字格骨架贴糊纸绢做成的画屏居多，轻便灵活，适合户外活动使用。当围屏和床组合使用时，则以多屏围合形态出现。

常被挪至室外的家具还有交椅、四边平桌、小几、杌之类造型简洁、轻巧的家具。由此可以推断，随着晚明造园活动兴盛，为适合在园林建筑内外搬运，家具造型亦是愈发轻便。能自由缩合、减少装饰、精简材料、加固结合点等是明式家具的特色。

我所认知的『36条腿』

所谓的"36条腿",是对我国20世纪50～70年代一类家具风格的俗称。其本质是我国家具业由传统家具向现代家具过渡的一种折中的形式,也可以看作是简约化了的海派家具。

"36条腿"家具原意是指一套家具有36条腿。每件家具有4条腿,那就是说当时流行的这套家具由9件家具构成,通常包括大衣柜、五屉柜、床、床头柜、小方台及4把板凳。如果配2个床头柜,就有44条腿,已属于较高档次的配置。因为配两个床头柜就意味着床可以两边上下,是用于较大的室内空间。

"36条腿"的功能相当完善合理。大衣柜一侧可以满足挂长大衣的功能,另一侧的搁板可存放衣物和被褥等,门上常嵌有银镜,两门柜嵌在一侧的门上,三门柜则嵌在

20世纪50年代"36条腿"家具风格

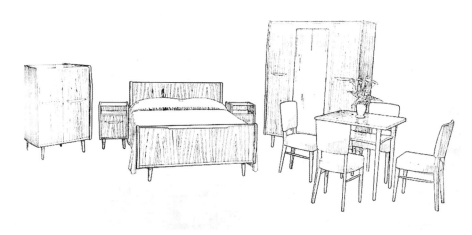

20世纪60年代"36条腿"家具风格

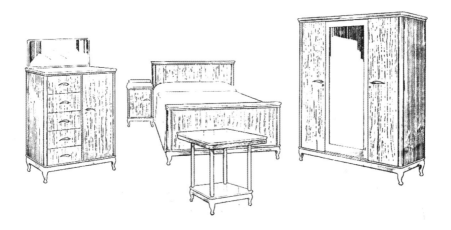

20世纪70年代"36条腿"家具风格

"36条腿"家具风格

中间的门上，以观着装效果。五屉柜或小衣柜往往是一边设门，内置挂衣棒用于挂短上衣，另一边为五个抽屉，以便家庭成员分别存放常用衣物。柜面后侧常装置一面横向条形银镜，柜面上常放置花瓶或工艺品，与镜像相映成趣，给当时清贫的家中增添几分情趣。两个衣柜的搭配足以满足凭布票计划添置衣物年代的存衣功能。床为高低屏板床，设1.2米、1.35米、1.5米三种规格，常置于室内一隅，只需一个床头柜，以便节约室内空间。另外的小方台和四把板凳是进餐或小憩用的，适合新婚小家庭之用。价格虽不贵，约400多元一套，但在当时而言，也相当于一个人一年的工资。

20世纪50年代以来，上海除了在浦东和城乡接合部为国有企业和市民盖有一批新村外，浦西老城区几乎没有任何变化，南京西路的国际饭店是最高建筑的纪录一直保

双门大衣柜

三门大衣柜

持到改革开放后的80年代。当时住房紧张，平时孩子与父母同居一小室，只能摆一张床供父母用，孩子就长期打地铺。因此"36条腿"的家具是最能反映这一现实并适用于这一居住条件的家具。

桌凳

20世纪70年代末的普通家庭室内家具

"36条腿"家具虽然形制单一，但仍有不少变化的款式，主要是通过脚型、线型、线脚和拉手的变化而实现。脚型是丰富多样的，1977年上海竹木用品工业公司家具研究所编制的《家具图册》中就列出了80余种脚型。常用脚型有亮脚、塞脚和包脚，其中最多的还是亮脚。亮脚又有弯脚和直脚两大类，弯脚的形状和弧度又可以变化出许多款式。直脚也有简有繁，繁杂的柱面要铣出一组槽，如同希腊柱式，还有的是在下端包铜套。

　　线型即将柜类家具的顶板、面板、侧板等部件的可见

常用脚式1

常用脚式2

常用脚式3

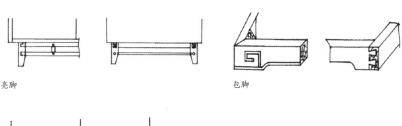

亮脚　　　　　　　　　　　　　　　　包脚

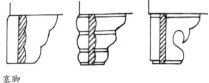

塞脚

"红灯"牌收音机

边缘设计成型面，以丰富细部造型。当时有一套叫"捷克式"的"36条腿"家具，就是侧板线型，参照的是当时"红灯"牌收音机外壳侧板微微外凸的折线和斜面造型，在当时十分流行。

线脚即门、屉表面的封闭线型的装饰图案，是西式古

欧式化装饰

梳妆台脚架

典家具的常用装饰手法，也是海派家具装饰手法在"36条腿"家具上的传承。

"36条腿"家具对脚型的重视也是海派家具的特点。当时有"南方的脚北方的帽"这一说法，就是说南方的家具就和山清水秀的南方一样，追求的是轻巧和秀美。而北方的家具多强调柜顶帽头的装饰，就和山雄水阔的北方一样，有一种端庄威严之美。

从实用的视角看，南方的黄梅天，广东叫"回南天"，长时间阴雨连绵，家具极易发霉，安装脚架则有助于空气流动，减轻霉变的影响。今天为什么南方照样可以使用没有脚架的板式家具呢？我想与现在普遍使用空调和抽湿机不无关系，当然也反映了消费观念的转变。

中国家具企业与品牌构建

一、家具品牌发展的现状与问题

自2009年以来，国内大量家具出口企业纷纷转为内销企业，无疑加剧了国内家具市场的价格战、终端战、广告战，弱势品牌被强势品牌淘汰。随着中国加入世贸组织，大幅降低的木材业进口关税使得进口家具的价格也随之下跌，进口品牌逐步抢占中国家具市场，给中国品牌家具企业带来很大压力。2010年中国家具行业研究报告显示，中国家具进口数量快速上涨。一方面，国际家具企业强势品牌开始逐步入驻国内，且越来越受到实力派年轻消费者的青睐，在中国市场迅速国际化的过程中，品牌与品牌的遭遇战已经打响；另一方面，由于国内家具企业强势品牌的严重缺失，国内市场的占有份额正逐步缩减。因此，中国家具企业未来发展的国内和国际市场优势并不大，唯有打造强势品牌才是市场突围之策。值得注意的是，随着国内家具企业规模逐渐壮大，众多企业已经意识到品牌的重要性，并开始寻找打造强势品牌的方法和途径，但目前企业内存在的一些误区和问题，严重阻碍了企业构建强势品牌。

1. 重产品销售，轻品牌经营

国内众多迅猛发展的家具企业多以中小型民营企业为主，传统的发展经验是追求立竿见影的经济效果，因此，企业前期发展着重于销售推广与渠道建设。许多企业热衷于不断开发新产品，却忽略了对品牌方向的决策，缺乏对品牌运作的长远规划，采取边走边看的策略，结果是虽然陆续推出新产品，但市场对品牌认知不足，反而使销售受阻，品牌经营因此混乱无序，对品牌资源造成巨大浪费。

2. 品牌缺乏核心价值和战略管理

品牌战略是关系到一个企业兴衰成败的根本性决策。长期以来，国内许多家具企业醉心于产品模仿和营销模仿，在他们看来，模仿与跟风至少是一种安全的策略。因此，这些企业的品牌核心价值模糊甚至缺失，导致品牌存在诸多弊病。例如，品牌同质化严重，缺少个性，难以形成竞争壁垒；品牌内涵单薄，缺乏丰厚的文化底蕴，难以产生高附加值。即便确定了品牌核心价值，但品牌诉求容易变动，也就贸然改变了消费者的观念，使企业无法定义核心客户，导致失败的可能性增大，这是行业普遍存在的问题。

3. 品牌价值组合的不完善

随着消费者的消费理念与消费行为趋于理性化，企业面对复杂多变的顾客需求时，光靠制造并不见得能让品牌价值升级。在创造价值、传递价值、体验价值这三个品牌价值组合中，企业往往忽视了最具亲和力的体验价值——服务。目前绝大多数家具企业仅为制造企业，依靠代理商进行销售，因此，企业的服务对象更多的是销售商、导购员等，真正面对消费者的服务并不到位。换言之，真正从消费者的需求出发，创建品牌价值的企业还属凤毛麟角。

4. 品牌保护意识薄弱

对于品牌的保护，向来是国内家具制造业的软肋。几乎所有家具企业都知道品牌标识是建立品牌最重要的载体，也是企业品牌资产积累的基础。但问题往往是企业辛辛苦苦创立的品牌在经过多年经营后，由于对知识产权的保护重视力度不足而被假冒、被人抢注、被人无偿使用或者自己随意更改与放弃，在商标管理、运用、保护等方面存在诸多问题。与视品牌如生命的国外企业相比，国内家具企业保护自己商标权益的意识相对薄弱。

二、构建强势品牌的基础

1. 具有优良的产品品质和具备产品设计的创新能力

产品品质是构建品牌的基石，生产品质优良的产品是构建强势品牌的前提。目前，具有优良品质的家具产品其特征应该包括：独特的产品设计理念；选用上乘的材料；优化的产品结构；引用先进制造技术，积极采用国际质量标准；认真开展标准制定，严格按照标准组织各项生产活动等。应通过创新设计使家具产品具备独特的产品差异性，并规划好品牌在产品层面上的识别，作为品牌价值提升的基础。无论通过品牌推广达成什么样的诉求，消费者只有在体验过产品并认为其符合心中的品牌形象后，才会真正相信这个品牌的价值，形成牢固的品牌认知。

2. 具备明确的品牌定位与独特的品牌核心价值

具有明确的品牌定位能帮助家具企业在市场竞争中建立一个符合原始产品的独特品牌形象，切中目标消费受众，以促进市场营销。一个优秀品牌的起步需要具备品牌名称、识别体系、品牌承诺、品牌个性与规范化系统，并在一系列品牌形象塑造活动中，把独特的品牌核心价值深刻植入企业文化建设、视觉管理、营销管理、公关管理、客服管理等方面，并反映在广告、视觉、事件营销、促销、直效营销、公关等所有传播平台上。完成这一过程并不是一蹴而就的，需要时间与消费印象的积累。

3. 具备强大的物流与销售服务

结合家具产品物流的特点，作为家具企业的物流部门必须具备以下基本条件来配合品牌服务：其一，具有强大的运输能力和配送网络。在保证货物安全的前提下，保证具有最高的运送实效。其二，拥有一流的信息管理系统。该信息系统不仅能够提供类似快递服务的查询功能，还要具备库存管理功能。其三，具备良好的风险管理体系。家具成品一般体积较大，破损风险也大，企业要通过风险管理来保障客户的利益，并维护好客户关系。家具企业通过提供完美的售前、售中、售后服务，通过终端销售做好消费者接触点的管理，提高消费者满意度，制造口碑效应，建立消费者忠诚度，才能保证品牌的持续延伸。

4. 具有积极的营销策略

随着家具市场逐渐细分，家具生产呈现多元化，销售渠道也多种多样，专卖店、直营店、独立店、网络销售等尝试和探索成为众多家具企业的创新营销模式。选择低价快销还是高价缓销或是其他的营销方式，应是家具企业在品牌重新定位之后，通过选择或建立新的销售渠道来匹配总体品牌战略的结果。同时，保持相对稳定的产品价位对维持品牌形象是非常重要的，它是衡量消费者信任度的一项重要指标。面对波动的市场利益，一定要慎重对待提价与降价，这是积极的营销策略中容易失误的关键点。

5. 具有高超的品牌管理技巧与人才支撑

品牌管理的好坏，最终还是要落实到人，管理者的经验水平，对最终家具品牌的运作起到至关重要的作用。一个持续发展壮大的家具品牌还需要优秀人才的不断充实，适当地储备人才，对家具品牌的长远健康发展有着积极的作用。

三、打造强势品牌的途径

由于企业品牌管理的实质是对品牌与利益相关者的关系进行制度化管理，因此，家具企业中品牌管理团队的组合以及高层领导具备的管理技巧，直接影响着品牌构建。家具企业如果要真正制定、贯彻执行品牌战略，就应该将品牌管理组织上升到企业组织框架中的最高层次，由企业精通品牌战略管理的高层亲自领导，协同企业的研发、生产、财务、销售等各个部门，紧紧围绕品牌战略展开工作。据统计，目前我国有80%的本土家具企业没有建立内部专门的品牌管理组织机构，多数以市场部、销售部代理执行品牌管理之职，这种状态导致企业品牌管理很难在品牌核心价值确定、忠诚度培育、品牌延伸、产品开发等战略层面发挥作用，更谈不上调动生产、研发、销售等各方资源为品牌战略服务，而这些恰恰又是打造强势品牌的重要环节。

1. 运用整合营销传播体现品牌优势

整合营销传播（Integrated Marketing Communications，简称IMC）是20世纪90年代以来"以品牌竞争为导向""以消费者为中心"和"以关系数据库为驱动力量"的战略性传播活动，并在全球营销学领域产生广泛的影响。中国家具企业开始将IMC应用于实践中还只是近几年的事。在以往的产品营销实践中，促销过程和传播过程是彼此割裂的，而实施IMC则是一种以企业为本位的"外推式"营销和以消费者为本位的"内拉式"传播的战略性系统组合。也就是说，在企业确立了品牌战略目标之后，在了解目标消费者的欲望和需求的基础上进行产品的研发，按照消费者便利性原则去配置渠道，同时通过各种媒体将品牌信息准确有效地传递给目标消费者，辅之以促销、媒体报道、公关事件、事件营销进行品牌推广，再通过完美的售后服务与消费者建立持久性的亲密关系。由此可见，对于品牌发展中的家具企业来说，更应抓住在整合营销传播中的一些关键性要素来塑造未来的强势品牌。①将广告、公关、直效营销、促销、事件营销等营销传播工具有机组合起来，以统一的声音和形象向品牌利益相关群体传播统一的品牌概念，建立强而有力的品牌形象，创造品牌资产。②为了在媒体多元化、信息泛滥、产品趋于同质化的市场竞争中吸引消费者，必须确保品牌信息传递的一致性，加强品牌信息的"接触管理"，使目标消费群体对品牌产生良好和稳定的印象，并建立永续性关系。③维护和建立品牌与消费者之间良好的长期互动关系的重点在于以创建品牌忠诚度为传播目标。④在品牌与消费者的互动沟通过程中，始终保持"回归消费者本位思考"，以此作为整合营销传播的出发点和落脚点。

2. 投入服务强化品牌

通过整合营销传播，消费者在多个品牌接触点接触到了企业传达的品牌信息。而在国内，许多家具企业过分强调媒介传播的运用，往往会忽视流通中的一些问题，如质量、送货、服务等，其中服务是一种很有效的市场推广方式，正在演变为财富的主要来源，投入服务来强化品牌常常会收到意想不到的效果。生产服务为产业部门带来了附加价值，售后服务为生产企业树立了市场信誉，这种服务体系正在为社会创造财富，为消费者创造效用，同时为企业家创造通往成功的阶梯。国内家具企业一定要通过构建良好的服务体系来保证自己的品牌形象，进而强化已树立起来的品牌。

3. 注入文化元素以提升品牌

建立以品牌为核心的文化，包括企业文化和品牌文化两方面，是帮助企业指导关键商业决策，确定合适的员工行为规范，获取整体利益，最终保持品牌持久性的核心途径。无论是企业发展战略因素还是外部市场环境因素，本质上都是由文化决定的。立足品牌建设的企业文化不能只追求短期轰动效应，而要持续地创立一系列企业品牌承诺。要创建以品牌为核心的企业环境，就必须保证让员工时时刻刻，能跨职能领域、地区界限和地理市场去展现品牌。而品牌文化则需要贯彻到品牌建设的层层细节中去，以长期持久的传播达到提升品牌的目的，具体有以下几点。①确保品牌和承诺的长期一致性，不要经常改变品牌内涵。②提供情感利益，始终致力于对消费者的关爱。③保持一致、定期的品牌推动交流。让企业内部和外部进行交流，既可以被品牌影响，也可影响品牌。④注重品牌文化内涵的挖掘与培养，创造品牌故事、品牌事迹以扩大品牌影响、提升品牌价值。⑤将品牌文化与企业文化有机联系起来。

4. 有效积累品牌资产

企业建立品牌知名度、建立品质认知度、创造积极的品牌联想、维护品牌忠诚度等各种独特举措都是为了积极有效地积累品牌资产。在这一过程中，要实现向强势品牌的跨越需要从两个方面进行突破：一是加强品牌指导，确定品牌在市场中的最终表现，包括家具产品设计、包装、销售终端和广告诉求，甚至选择明星代言等，并确保品牌诉求与市场最终表现之间价值点的一致性；二是在消费者心目中建立鲜明的品牌认知和独特的品牌价值，需要长期持续、富有创造性地传播，从而积累品牌价值并将之转化成稳固的品牌资产。

中国家具流通模式的演变

由家具木器工厂或作坊生产家具，交由家具木器商店或大型百货商场家具部销售，这一流通模式流传了近百年，但每一时期的厂商又有各自的特点。

早在20世纪30～40年代，上海的大中型家具木器公司或作坊的业务，主要是承接机关、学校、医院等团体的批量订货，同时又接收百货商店、贸易信托公司的委托生产家具产品。小型木工作坊主要是承接家具木器商店的小批量订货，一般都不直接向消费者推销产品。

家具木器商进货的方式有两类：一类是原进原出，即生产作坊提供的是完整的产品，可以直接销售给消费者；另一类是进白坯或半成品，商号要自己组织作坊对产品进行涂装或装配玻璃、镜子、拉手等，所以家具商店要雇用油漆工与装配工，使半成品变成产品才能销售。有的有实力的商家还自设生产作坊，实现自产自销。在18世纪中后期的上海，前店后厂、自产自销是主要的经营模式。

家具木器商店对营业员的要求很高，他们不仅推销现有产品，还要现场接受客户订货。因此他们在学艺期间就要培养多方面的能力，如绘图、计算用料尺寸和定价的能力，有时还要上门测量室内面积、设计或布置办公室、会议室及一般家庭居室的家具，甚至还要有英语会话的能力，因为当时还要为上海租界的外国人提供服务。当然还必须具备材料、结构、风格、装饰等方面的知识，以便与生产厂商沟通。

20世纪50～70年代计划经济时期，家具流通仍然是依靠专业家具店销售。上海作为经济最发达的城市，全市包括兼营的百货公司和综合贸易信托公司也仅有53家。由于木材计划供应，家具销售是以产定销，而不是根据市场需求组织生产。在家具严重供应不足的短缺经济时期，家具市场是典型的卖方市场，不管风格款式，也不管质量好坏，生产多少卖多少，这是一个无需营销的时代。上海如此，一般中小城市更是如此，甚至连专业的家具店都没有，一般是在日杂公司所经营的日杂商店经销一些餐台椅、小方凳、小碗柜等，长沙、南昌就是如此。

20世纪80年代以来，在改革开放的大潮中，外资家具企业的入驻，中外合资企业的发展，民营家具企业的出现和逐步壮大，带来了家具用材、工艺设备的全球化和家具市场的全球化，家具业再也不靠政府计划供应木材，也不受政府定产的束缚，而是根据市场需求开发产品，扩大生产，尽量满足人们的家具消费欲望。大量的家具被生产出来，原有的流通渠道已远远不能满足发展的需要，因而出现了专卖店和大卖场的流通模式。

专卖店多属一些中大型家具企业知名品牌的家具专卖，如早期深圳华盛家具"富尔特""诗的""鼎盛"等品牌的专卖店，"大豪"家具的专卖店或加盟店，遍布国内各大中城市。随着销售职能从生产企业中分离出来，在专卖店的基础上又促进了规模化和连锁化大卖场的诞生，如"居然之家""好百年""金海马"等大卖场纷纷率行业之先，在全国范围大肆扩张，走上了规模化与连锁化的发展之路。

品牌大卖场发展的同时，在地方政府的大力促进下又出现区域性的大卖场，如被称为"国际家具商贸之都"的顺德乐从，被称为"东部国际家具商贸之都"的江苏蠡口等特大型家具集散地。

21世纪以来，特别是2008年出现世界金融危机以来，中国家具出口严重受阻，造成了中国家具业的产能过剩，加之家具消费个性化时代的到来，也带来了家具卖场的变革。一站式营销模式和定制营销模式便应运而生。

一站式营销，即以生活方式为导向，使不同功能和类型的家具，以及家具与家用电器，家具与家居用品，家具与家饰物品等一站式消费，推出整体家居新概念，以方便消费者，促进消费。"科宝""博洛尼""美克美家"则是一站式营销的先行者。

定制式营销的本质是传统制造业向服务型制造业转型。借助计算机设计技术、柔性和数码制造技术、网络技术和电子商务技术，通过家具的定制服务向顾客提供个性化的家具消费。

家具的个性需求包括消费者对空间尺寸的限定，对风格和形态的喜好，对用材的个性需求，对色彩、质地和装饰的个性追求。其特质是通过定制营销实现产品的多样化，尽可能在标准化的前提下满足多种选择。"尚品宅配""维意"首创定制成功的案例，为定制营销开创了全新的模式。

近年来，由于地产商大举进军家具卖场，使得家具卖场迅猛扩张，十几万平方米甚至几十万平方米的家具商城屡见不鲜，规模越大，装修越豪华，租金也越贵，使得经销商难以为继。于是以香江家居广场为首的卖场开始进行厂家直销的新营销模式的试点，这一减少中间环节，让利于消费者的营销模式既是过去前店后厂的营销模式回归，又是在更大范围、更高层次上的模式创新，必将引起市场震动。

除了层级代理或自建营销网络的传统模式外，电子商务也开始在家具营销中试点。而基于家具产品的特点，电子商城和传统卖场相结合的营销模式也在业内被广泛采用，线上线下相结合，中国的家具企业在电子商务领域也必将开辟家具市场的广阔天地。